Python
在大气海洋科学中的应用

Python
常用统计算法

王关锁　康贤彪　黄洲升　刘云丰　等/编著

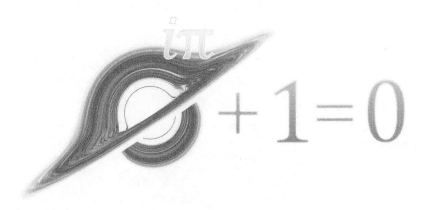

科学出版社
北京

内 容 简 介

在《Python 基础》的学习上，本书介绍了 Python 在大气海洋科学研究中常用的各种统计分析方法。全书分为两部分：第一部分介绍用 Python 做科学计算常用的软件包，包含 Numpy、Pandas、Scipy 等内容；第二部分介绍大气海洋数据常用的各种统计分析方法，包含平均分析、误差分析、方差分析、相关分析、趋势分析、突变检测、周期分析、回归分析、滤波分析、聚类分析、判别分析、插值、拟合与逼近、时空结构分离等方法，对每个方法的计算步骤进行详细的介绍，给出对应的 Python 程序及应用案例。同时，还增加了闰年平年计算、地球球面多边形面积、地球球面两点距离等一些大气海洋学科领域常用的算法。读者可以方便地利用本书介绍的相关数据分析处理方法开展大气海洋领域的科研工作。

图书在版编目(CIP)数据

Python 常用统计算法/王关锁等编著. —北京：科学出版社，2021.7
（Python 在大气海洋科学中的应用）
ISBN 978-7-03-068446-2

Ⅰ.①P⋯ Ⅱ.①王⋯ Ⅲ.①海洋学–统计分析–应用软件 Ⅳ.①P7-39

中国版本图书馆 CIP 数据核字(2021)第 049110 号

责任编辑：周 杰 王勤勤/责任校对：樊雅琼
责任印制：吴兆东/封面设计：无极书装 李明悕 康贤彪

科学出版社 出版
北京东黄城根北街 16 号
邮政编码：100717
http://www.sciencep.com
北京九州迅驰传媒文化有限公司印刷
科学出版社发行 各地新华书店经销
*
2021 年 7 月第 一 版 开本：787×1092 1/16
2025 年 1 月第五次印刷 印张：15 1/2
字数：368 000
定价：150.00 元
(如有印装质量问题，我社负责调换)

前　言

　　近年来，Python 语言以其良好的灵活性、可移植性、解释性及开源性等特点，一跃成为大气海洋科学领域的热门语言。2019 年，在大气海洋科学领域广受欢迎的 NCL（NCAR Command Language）语言宣布停止更新，研发组全面转为基于 Python 语言开展数据的分析处理及可视化软件研发。大气海洋科学的科研工作者基于 Python 语言，开始研发各种数据分析处理软件，涌现出了各种方便使用的 Python 语言扩展程序库，如 Numpy（Numerical Python）、Pandas（Python Data Analysis Library）、Scipy(pronounced Sigh Pie) 等，Python 在大气海洋科学领域的应用越来越广泛。

　　尽管各种基于 Python 的数据分析处理语言扩展库非常丰富，但这一方面给大气海洋科学的科研工作者提供了很多的选择；另一方面造成了很大的困扰，人们发现在各种海量的扩展库里面寻找合适的库函数是一项非常烦琐的工作。由此，本书将对大气海洋科学领域常见的各种数据分析处理方法的原理进行系统的阐述，编写各种方法对应的函数库，并给出相应的实现案例，以方便大气海洋科学的科研工作者快速地应用各种方法开展数据分析处理工作。

　　本书介绍了 Python 在大气海洋科学研究中常用的各种统计分析方法，全书分为两部分：第一部分介绍用 Python 做科学计算常用的软件包，包含 Numpy、Pandas、Scipy 等内容；第二部分介绍大气海洋数据常用的各种统计分析方法，包含平均分析、误差分析、方差分析、相关分析、趋势分析、突变检测、周期分析、回归分析、滤波分析、聚类分析、判别分析、插值、拟合与逼近、时空结构分离等方法，对每个方法的计算步骤进行详细的介绍，并给出对应的 Python 程序及应用案例。同时，还增加了闰年平年计算、地球球面多边形面积、地球球面两点距离等一些大气海洋科学领域常用的算法。读者可以方便地利用本书介绍的相关数据分析处理方法开展大气海洋科学领域的科研工作。

　　王关锁负责全书整体内容的设计规划和第 1 章～第 3 章的撰写，康贤彪负责第 4～第 7 章的撰写，黄洲升负责第 8 和第 9 章的内容编写，刘云丰负责第 10 和第 11 章的编写，冯琬负责第 12 和第 13 章的编写，王倩茹负责第 14 章的编写，赵彪负责第 15 章的编写，王超负责第 16 和第 17 章的编写，马燕负责第 18 章的编写，张志远负责第 19 章的编写，郭沛明负责第 20 章的编写，张展硕负责第 21 章的编写；此外，王关锁、康贤彪、黄洲升、刘云丰共同完成了书中的程序实现工作，王倩茹、郭沛明、张展硕共同完成了书中的文字校对和示例代码的校验工作。限于编者水平，书中难免有疏漏和不足之处，热忱希望大家指教，以便进一步改正和改进。

非常感谢国家重点研发计划"海洋环境安全保障"重点专项"'两洋一海'区域超高分辨率多圈层耦合短期数值预报系统研制"项目（2017YFC1404000）和"'两洋一海'区域超高分辨率多圈层耦合模式研制"课题（2017YFC1404004）对本书的大力支持。感谢各位合作者在本书编写过程中的艰辛付出，包括提供参考材料、提出宝贵意见和对部分文字进行润色加工等，也感谢出版社在本书校稿和排版过程中的严谨态度和辛苦工作。

王关锁

2021 年 2 月于琴岛

本书重要代码可在相关网站查询，读者可扫描下方二维码获取详细信息。

目　　录

第 1 章 Numpy——Python 科学计算的基础

Python 语言是一门语义化很强的语言，而且这种语言也经常用在科学计算中。Python 能够用于科学计算中，不仅仅是因为它相对其他语言更好理解，而且有很多前人已经书写完成 Python 与科学计算相关的模块或包，能够很大程度上简化我们书写的语句以及提高编写的效率与代码的可读性。

想要使用 Python 进行科学计算，首先要了解的包就是 Numpy，这是在 Python 科学计算中最基础的一个包。学习 Numpy 这个包时，可将 Numpy 理解为提供矩阵运算的包。

在本章中，笔者将为读者介绍 Numpy 的用法以及简单的实例，而在本书的后面章节也会涉及 Numpy 的相关知识以及具体用法。

1.1　为什么使用 Numpy

我们使用 Numpy，一定程度上是因为该包提供了很多关于矩阵运算的内容（在 Numpy 中，我们习惯性地将这种矩阵称为"数组"或"Numpy 数组"）。但是有的读者可能就想到了，我可以使用列表来生成一个数组，并且通过原生的 Python 进行一些计算。如此操作是没有问题的，但是在这个过程中，将会涉及极其复杂的 I/O 操作，因此将会影响程序运行的速度。

为了解决程序运行速度的问题，使用 Numpy 这个包进行操作。但是，同样是 Python，Numpy 为什么会提高运行速度呢？其原因就是，Numpy 不完全是原生的 Python，其底层操作是调用 C 语言完成的，而 C 语言的执行效率又非常之高，因此就能够提高程序运行的速度。

所以一提到 Numpy，就经常将它和运行效率较高的 C 语言结合在一起。当你使用 Numpy 的时候，其实就是在使用 C 语言来运行程序并且处理数据。

1.2　Numpy 中的 ndarray

Numpy 中所有的操作都是基于数组展开的，那么一提到数组，就不得不提 Numpy 中最重要的一个对象——ndarray 对象，该对象的作用是组织 Numpy 数组。在 Python 中，理解 ndarray 对象的最好方式是将其理解为一个可以进行更高效操作的 list 对象。这样在操作 ndarray 对象的时候就可以得心应手了。在 ndarray 中，所有的数据都是同一类数据，也只能是同一类数据。那么，如何使用 ndarray 呢？其实 ndarray 对象就蕴藏在 numpy.array 中。以下是 numpy.array 的示例：

```
# 引入 Numpy 包（说明：在使用 Numpy 时，习惯性简称为 np）
import numpy as np
```

```
np.array(
    object, dtype = None, copy = True, order = None, subok = False, ndmin = 0
)
```

参数说明：

参数名称	参数说明
object	必填，需要转化为数组的对象，一般为嵌套的列表
dtype	可选，元素的数据类型（Numpy 中定义了许多数据类型）
copy	可选，是否需要复制对象
order	可选，创建数据的样式，可选值为 C(C)/F(Fortran)/A(Default)
subok	可选，是否返回一个与基类数据类型相同的数组
ndmin	可选，执行生成数据的最小维度

上述参数虽然多，但是一般我们在使用的过程中经常提到的参数仅有两个，一个是必填的 object，另一个是用于指定生成数据的数据类型 dtype。以下是一个生成数组的简单示例：

```
import numpy as np

# 生成时如不指定 dtype，Numpy 将会根据输入的类型自动检查
# 如果需要强制指定数据类型，可以强制覆写 dtype
a = np.array([
    [1, 2, 3],
    [2, 3, 4]
], dtype = np.float64)

print(a)
```

以下是样例输出：

```
[[1. 2. 3.]
 [2. 3. 4.]]
```

由上述案例可以看到，我们通过从 Python 原生的数据类型 list 中，生成了一个 Numpy 数组，并且我们通过指定其类型 dtype=np.float64，将原本均为整数的列表转化为 float64 类型的浮点数数组。那么，Numpy 都为我们准备了哪些数据类型呢？我们通过下面这个表来了解。

数据类型	说明	使用
int8	8 位整数，可理解为一个字节	np.int8
int16	16 位整数	np.int16
int32	32 位整数（常用）	np.int32
int64	64 位整数（常用）	np.int64
int_	默认整数类型，一般为 int32 或者 int64	np.int_
intc	C 语言形式的整数类型，一般为 int32 或者 int64	np.intc
intp	索引用数据类型，一般为 int32 或者 int64	np.intp
uint8	无符号 8 位整数	np.uint8
uint16	无符号 16 位整数	np.uint16

续表

数据类型	说明	使用
uint32	无符号 32 位整数	np.uint32
uint64	无符号 64 位整数	np.uint64
float16	半精度浮点数	np.float16
float32	单精度浮点数（常用）	np.float32
float64	双精度浮点数（常用）	np.float64
float_	float64 简写	np.float_
complex64	复数，实部虚部均为 32 位浮点数	np.complex64
complex128	复数，实部虚部均为 64 位浮点数	np.complex128
complex_	complex128 简写	np.complex_
bool_	布尔型	np.bool_

对于已经实例化的 array，也有很多属性能够了解它的内部状态。

1) 返回数组维度的数量。

```
import numpy as np

a = np.array([1, 2, 3, 4, 5, 6])
b = np.array([
    [1, 2, 3],
    [4, 5, 6]
])

print(a.ndim)
print(b.ndim)
```

以下是样例输出：

```
1
2
```

ndarray.ndim 用于返回维度的数量，这与我们平时所说的 "n 维数组" 的 n 一致。

2) 返回数组的大小。

```
import numpy as np

a = np.array([
    [1, 2, 3],
    [4, 5, 6]
])

print(a.shape)
```

以下是样例输出：

```
(2, 3)
```

ndarray.shape 用于返回数组的大小，这与我们平时所说的 "$m \times n$ 的数组" 中的 m 和 n 一致。

3) 返回数组元素个数。

```python
import numpy as np

a = np.array([
    [1, 2, 3],
    [4, 5, 6]
])

print(a.size)
```

以下是样例输出：

```
6
```

ndarray.size 用于返回元素的总个数，其值为 $m \times n$。

4) 返回数组的数据类型。

```python
import numpy as np

a = np.array([
    [1, 2, 3],
    [4, 5, 6]
])

print(a.dtype)
```

以下是样例输出：

```
int32
```

5) 返回数组每个元素的大小。

```python
import numpy as np

a = np.array([
    [1, 2, 3],
    [4, 5, 6]
])

# 返回的单位为字节
print(a.itemsize)
```

以下是样例输出：

```
4
```

6) 返回数组内存信息。

```python
import numpy as np

a = np.array([
    [1, 2, 3],
    [4, 5, 6]
])

print(a.flags)
```

以下是样例输出:

```
C_CONTIGUOUS : True
F_CONTIGUOUS : False
OWNDATA : True
WRITEABLE : True
ALIGNED : True
WRITEBACKIFCOPY : False
UPDATEIFCOPY : False
```

7) 返回复数数组的实部和虚部。

```python
import numpy as np

a = np.array([
    [1 + 6j, 2 + 5j, 3 + 4j],
    [4 + 3j, 5 + 2j, 6 + 1j]
])

print(a.real)
print(a.imag)
```

以下是样例输出:

```
[[1. 2. 3.]
 [4. 5. 6.]]
[[6. 5. 4.]
 [3. 2. 1.]]
```

8) 获取数组数据区内容。

```python
import numpy as np

a = np.ma.array([
    [1, 2, 3],
    [4, 5, 6]
], mask=[
```

```
        [True, False, True],
        [False, True, False]
])

print(a)
# .data 方法一般用于 mask 数组
print(a.data)
```

以下是样例输出：

```
[[[-- 2 --]
 [4 -- 6]]
 [[1 2 3]
 [4 5 6]]
```

1.3　创建 Numpy 数组

想要使用 Numpy 进行数组的操作，第一步就是要学会如何创建 Numpy 数组，本节将讲述几种创建数组的常用方式。

1.3.1　np.empty

1) 程序语句。

```
np.empty(shape, dtype=float, order='C')
```

2) 作用：返回一个空数组。

3) 参数说明。

参数名称	参数说明
shape	必填，生成的数组大小，一般填写元组
dtype	选填，数据类型
order	选填，可选值为 C/F

4) 使用示例。

```
import numpy as np

a = np.empty((3, 3))

print(a)
```

以下是样例输出：

```
[[1.61327616e-307 3.56043053e-307 1.60219306e-306]
 [2.44763557e-307 1.69119330e-306 1.33514617e-307]
 [3.56011818e-307 1.60219306e-306 1.11258446e-306]]
```

5) 该方法的作用是用于初始化一个内存空间用于将来数据的存储。该方法生成的是空数组，而并非零数组。

1.3.2　np.zeros

1) 程序语句。

```
np.zeros(shape, dtype=float, order='C')
```

2) 作用：返回一个全零数组。

3) 参数说明。

参数名称	参数说明
shape	必填，生成的数组大小，一般填写元组
dtype	选填，数据类型
order	选填，可选值为 C/F

4) 使用示例。

```
import numpy as np

a = np.zeros((3, 3))
print(a)
```

以下是样例输出：

```
[[0. 0. 0.]
 [0. 0. 0.]
 [0. 0. 0.]]
```

1.3.3　np.ones

1) 程序语句。

```
np.ones(shape, dtype=float, order='C')
```

2) 作用：返回一个全一数组。

3) 参数说明。

参数名称	参数说明
shape	必填，生成的数组大小，一般填写元组
dtype	选填，数据类型
order	选填，可选值为 C/F

4) 使用示例。

```
import numpy as np

a = np.ones((3, 3))
print(a)
```

以下是样例输出：

```
[[1. 1. 1.]
 [1. 1. 1.]
 [1. 1. 1.]]
```

1.3.4 np.identity

1) 程序语句。

```
np.identity(n, dtype=None)
```

2) 作用：返回一个单位数组。

3) 参数说明。

参数名称	参数说明
n	必填，生成的数组大小 (方阵)
dtype	选填，数据类型

4) 使用示例。

```
import numpy as np

a = np.identity(3)

print(a)
```

以下是样例输出：

```
[[1. 0. 0.]
 [0. 1. 0.]
 [0. 0. 1.]]
```

1.3.5 np.fromiter

1) 程序语句。

```
np.fromiter(iterable, dtype, count=-1)
```

2) 作用：从一个迭代器中生成数组。

3) 参数说明。

参数名称	参数说明
iterable	必填，可迭代对象
dtype	必填，数据类型
count	选填，生成数组的长度，默认全部生成

4) 使用示例。

```
import numpy as np

a = range(5)
a = np.fromiter(a, dtype = np.int32_)

print(a)
```

以下是样例输出：

```
[0 1 2 3 4]
```

1.3.6 np.arange

1) 程序语句。

```
np.arange([start,] stop[, step,], dtype=None)
```

2) 作用：由给定范围生成一个数组。
3) 参数说明。

参数名称	参数说明
start	选填，起始值，默认为 0
stop	必填，终止值
step	选填，步长
dtype	选填，数据类型

4) 使用示例。

```
import numpy as np

a = np.arange(1, 6, 2, dtype = np.float32_)

print(a)
```

以下是样例输出：

```
[1 3 5]
```

1.3.7 np.linspace

1) 程序语句。

```
np.linspace(
    start, stop, num = 50, endpoint = True,
    retstep = False, dtype = None, axis = 0
)
```

2) 作用：由给定范围中按指定个数要求生成一个数组。

3) 参数说明。

参数名称	参数说明
start	必填，起始值
stop	必填，终止值
num	选填，正整数，表示所需生成个数
endpoint	选填，布尔型，代表是否包含终止值
retstep	选填，布尔型，若为真将返回一个元组，其值包含数组与步长
dtype	选填，数据类型
axis	选填，结果存储的轴

4) 使用示例。

```
import numpy as np

a = np.linspace(1, 6, 4, dtype = np.float32_)

print(a)
```

以下是样例输出：

```
[1.          2.66666667 4.33333333 6.          ]
```

1.3.8 np.logspace

1) 程序语句。

```
np.logspace(
    start, stop, num=50, endpoint=True,
    base=10.0, dtype=None, axis=0
)
```

2) 作用：由给定范围中按指定个数要求生成一个等比数组。

3) 参数说明。

参数名称	参数说明
start	必填，起始值
stop	必填，终止值
num	选填，正整数，表示所需生成个数
endpoint	选填，布尔型，代表是否包含终止值
base	选填，对数的底数
dtype	选填，数据类型
axis	选填，结果存储的轴

4) 使用示例。

```
import numpy as np

a = np.logspace(1, 6, 4, dtype = np.float32_)
```

```
print(a)
```

以下是样例输出：

```
[1.00000000e+01 4.64158883e+02 2.15443469e+04 1.00000000e+06]
```

1.3.9　np.fromfunction

1) 程序语句。

```
np.fromfunction(function, shape, **kwargs)
```

2) 作用：由指定函数生成数组。

3) 参数说明。

参数名称	参数说明
function	必填，可被调用的函数对象
shape	必填，元组，代表生成的数组的大小
dtype	选填，数据类型，默认为 float
kwargs	选填，用以传递给 function 的参数值

4) 使用示例。

```
import numpy as np

a = np.fromfunction(lambda i, j: i + j, (3, 3), dtype = int)

print(a)
```

以下是样例输出：

```
[[0 1 2]
 [1 2 3]
 [2 3 4]]
```

1.4　Numpy 数组的索引与切片

Numpy 中数组的访问与原生 Python 中 list 对象的访问有些类似，但是又有一定的差别。接下来笔者将从一维数组开始说明 Numpy 数组的索引方式，并逐步过渡到二维数组，紧接着到多维数组；最后还会为读者讲解一些特殊的索引方式。

1.4.1　一维数组

对于一维数组的访问，就和原生 Python 中的 list 对象访问方式一致。

```
import numpy as np
```

```
a = np.array([1, 2, 3, 4], dtype = int)
print(a)
print(a[0])
```

以下是样例输出：

```
[1 2 3 4]
1
```

在这个过程中，读者仍然需要注意的是，在对数组进行索引的时候，下标一定要从 0 开始。

1.4.2   二维数组

在讲解二维数组以前，笔者需要向大家介绍 Numpy 中的一个函数 reshape。这个函数用于重新组织数组的维度。我们一起来看一下下面这个例子：

```
import numpy as np

a = np.arange(12)
print(a)
print(a.shape)

b = a.reshape(-1, 4)
print(b)
print(b.shape)
```

以下是样例输出：

```
[ 0  1  2  3  4  5  6  7  8  9 10 11]
(12,)
[[ 0  1  2  3]
 [ 4  5  6  7]
 [ 8  9 10 11]]
(3, 4)
```

从上述例子可以看到，使用 reshape 函数后，可以对数组的维度进行改变。我们将原来 12×1 的矩阵转变为了 3×4 的矩阵。但是有的读者会有一定的疑问：我们在程序中，只写了一个 4，但另一个维度怎么出来的呢？答案就在 reshape 函数中，我们可以使用 -1 让函数自行计算维度，但是不允许所有值都为 -1，否则程序是无法运行的。reshape 函数接受的参数是不固定的，也就是说，该函数可以将原来的数组变成任意维度的数组。

上面讲述了 reshape 函数，接下来我们继续讲述二维数组如何使用索引。二维数组的访问方式有两种，但是笔者只介绍接下来的一种：

```
import numpy as np

a = np.arange(12).reshape(4, -1)
```

```
print(a)
print(a.shape)
print(a[0, 1])
```

以下是样例输出：

```
[[ 0  1  2]
 [ 3  4  5]
 [ 6  7  8]
 [ 9 10 11]]
(4, 3)
1
```

在上述例子中，对于二维数组的索引主要关注 $a[0,1]$ 这个语句。接下来我们将剖析该语句，首先该语句使用 [] 对数组进行访问，这一点和一维数组没有任何差别，其主要的差别在中括号当中。二维数组想要索引到一个元素，就必须有两个值，即元素所在行以及元素所在列。在语句当中表现为，第 i 行第 j 列的元素使用 $a[i, j]$ 进行访问，并且两者间使用逗号进行分隔。

了解了二维数组的索引，我们尝试对二维数组的元素做一些修改：

```
import numpy as np

a = np.arange(12).reshape(4, -1)
print(a)
print('-----------')
# 对数组 a 中索引为 0, 1 的元素进行更改
a[0, 1] = 15
print(a)
```

以下是样例输出：

```
[[ 0  1  2]
 [ 3  4  5]
 [ 6  7  8]
 [ 9 10 11]]
-----------
[[ 0 15  2]
 [ 3  4  5]
 [ 6  7  8]
 [ 9 10 11]]
```

请读者再阅读以下程序：

```
import numpy as np

a = np.arange(12).reshape(4, -1)
b = a
```

```
a[0, 1] = 15
print(b)
```

以下是样例输出：

```
[[ 0 15  2]
 [ 3  4  5]
 [ 6  7  8]
 [ 9 10 11]]
```

在上述程序中，我们命令修改的是 a 的值，但是为什么在输出 b 时，其值也被修改了呢？原因在于，进行 $b = a$ 这个操作的时候，仅仅是将 b 的内存地址指向了 a 的内存地址。实质上操作这两个数据的时候，其操作的内存区域是一致的，因此无论对哪个变量进行操作，均会改变内存的值。

如果想要对一个数组进行复制，使得两个变量的内存区域不同、不会互相干扰，那么就需要使用 copy 方法来复制数组：

```
import numpy as np

a = np.arange(12).reshape(4, -1)
b = a.copy()
a[0, 1] = 15

print(a)
print(b)
```

以下是样例输出：

```
[[ 0 15  2]
 [ 3  4  5]
 [ 6  7  8]
 [ 9 10 11]]
[[ 0  1  2]
 [ 3  4  5]
 [ 6  7  8]
 [ 9 10 11]]
```

1.4.3 多维数组

在了解了二维数组的索引方式以后，对于多维数组来说，在其中括号当中增加该维度的索引值即可：

```
import numpy as np

a = np.arange(12).reshape(2, 2, -1)
print(a)
print(a[0, 1, 2])
```

以下是样例输出：

```
[[[ 0  1  2]
 [ 3  4  5]]
[[ 6  7  8]
 [ 9 10 11]]]
5
```

1.4.4 数组切片

切片的语法早在丛书第一册《Python 基础》中就已经提到过，其目的是取出一个序列。同样，在 Numpy 中也有切片的语法：

```
import numpy as np

a = np.arange(36).reshape(6, 6)
print(a)
print('----------')
print(a[1: 4, :: 2])
```

以下是样例输出：

```
[[ 0  1  2  3  4  5]
 [ 6  7  8  9 10 11]
 [12 13 14 15 16 17]
 [18 19 20 21 22 23]
 [24 25 26 27 28 29]
 [30 31 32 33 34 35]]
----------
[[ 6  8 10]
 [12 14 16]
 [18 20 22]]
```

1.4.5 花式索引

花式索引 (fancy indexing) 是一种使用索引值序列进行筛选的一种方式，读者可通过以下例子进行了解：

```
import numpy as np

a = np.arange(36).reshape(6, 6)
print(a)
print('----------')
print(a[[0, 5, 2]])
```

以下是样例输出：

```
[[ 0  1  2  3  4  5]
 [ 6  7  8  9 10 11]
 [12 13 14 15 16 17]
 [18 19 20 21 22 23]
 [24 25 26 27 28 29]
 [30 31 32 33 34 35]]
----------
[[ 0  1  2  3  4  5]
 [30 31 32 33 34 35]
 [12 13 14 15 16 17]]
```

使用花式索引的一个好处是能够将索引的结果进行人为的排列。

有的读者有时候可能想筛选一个矩形区域，很有可能将代码写成如下形式：

```
import numpy as np

a = np.arange(36).reshape(6, 6)
print(a)
print('----------')
print(a[[0, 5, 2], [1, 2]])
```

以下是样例输出：

```
IndexError: shape mismatch: indexing arrays could not be broadcast
together with shapes (3,) (2,)
```

使用上述方式筛选矩形区域会报错，那么应该如何筛选矩形区域呢？在 Numpy 中，我们使用 np.ix_ 方法进行矩形区域的选取：

```
import numpy as np

a = np.arange(36).reshape(6, 6)
print(a)
print('----------')
result = a[np.ix_([0, 5, 2], [1, 2])]
print(result)
```

以下是样例输出：

```
[[ 0  1  2  3  4  5]
 [ 6  7  8  9 10 11]
 [12 13 14 15 16 17]
 [18 19 20 21 22 23]
 [24 25 26 27 28 29]
 [30 31 32 33 34 35]]
----------
```

```
[[ 1  2]
[31 32]
[13 14]]
```

1.4.6　布尔型索引

在 Numpy 中，还有一种索引方式，就是使用布尔值进行索引。该索引方式与花式索引有相似之处。布尔型索引在索引位置为真时会将该索引位置取出，否则保留。读者可以通过以下例子进行了解：

```
import numpy as np

a = np.arange(5)
result = a[[True, False, False, True, True]]
print(a)
print(result)
```

以下是样例输出：

```
[0 1 2 3 4]
[0 3 4]
```

在实际的使用中，我们很少会手动生成一个布尔数组，一般采用条件筛选的方式，先通过一个条件生成布尔数组，然后再进行筛选：

```
import numpy as np

a = np.arange(12)
# a > 5    是一个条件，用于生成布尔数组
print(a > 5)

# 使用条件进行筛选
print(a[a > 5])
```

以下是样例输出：

```
[False False False False False False  True  True  True  True  True  True]
[ 6  7  8  9 10 11]
```

1.5　Numpy 数组的运算

在之前的讲解中，我们一直将 Numpy 数组看成矩阵。那么对于这样的"矩阵"来说，应当有矩阵的一些性质。

1.5.1 Numpy 数组的加法

```
import numpy as np

a = np.ones((3, 3))
b = np.arange(9).reshape(3, 3)
print(a)
print(b)

print('----------')

c = a + b
print(c)

print('----------')

c = a - b
print(c)
```

以下是样例输出：

```
[[1. 1. 1.]
 [1. 1. 1.]
 [1. 1. 1.]]
[[0 1 2]
 [3 4 5]
 [6 7 8]]
----------
[[1. 2. 3.]
 [4. 5. 6.]
 [7. 8. 9.]]
----------
[[ 1. 0. -1.]
 [-2. -3. -4.]
 [-5. -6. -7.]]
```

以上是两个数组相加的情况，那么如果一个数组加一个数，将会发生什么呢？

```
import numpy as np

a = np.ones((3, 3))
print(a + 1)
```

以下是样例输出：

```
[[2. 2. 2.]
 [2. 2. 2.]
```

```
[2. 2. 2.]]
```

在 Numpy 中，当一个数组加一个数字时，会将该数字加到每一个元素上。其实这个特性在 Numpy 中被称为"广播"，这个特性在 1.8 节将会详细叙述。

1.5.2　Numpy 数组的乘法

Numpy 数组的乘法依然遵循矩阵的规则：

```
import numpy as np

a = np.arange(3).reshape(3, -1)
b = np.arange(3).reshape(1, 3)

print(a.shape)
print(b.shape)

c = np.dot(a, b)
print(c)
```

以下是样例输出：

```
(3, 1)
(1, 3)
[[0 0 0]
[0 1 2]
[0 2 4]]
```

以上是 Numpy 数组遵循矩阵乘法的运算规则的情况。但是有时候，我们会用到两个数组对应元素相乘的情况，那么这时候就应该使用 np.multiply 这个方法来实现对应元素相乘：

```
import numpy as np

a = np.array([1, 2, 3, 4, 5, 6, 7])
b = np.array([0.1, 0.2, 0.3, 0.4, 0.5, 0.7, 0.7])

c = np.multiply(a, b)
print(c)
```

以下是样例输出：

```
[0.1, 0.4, 0.9, 1.6, 2.5, 4.2, 4.9]
```

读者在使用 np.dot 或者 np.multiply 方法时应当加以小心，避免使用错误，进而造成运算结果出错。

1.5.3 Numpy 数组的转置

在线性代数中，我们通常使用字母 T 代表矩阵的转置。那么，在 Numpy 中也不例外：

```
import numpy as np

a = np.arange(9).reshape(3, 3)
print(a)
print('----------')
print(a.T)
```

以下是样例输出：

```
[[0 1 2]
[3 4 5]
[6 7 8]]
----------
[[0 3 6]
[1 4 7]
[2 5 8]]
```

1.5.4 Numpy 数组的逆

在线性代数中，求某一矩阵的逆是一件相对麻烦的事情，但是在 Numpy 中，我们只需要调用一个函数，即可获得一个矩阵的逆矩阵：

```
import numpy as np
a = np.array([[3,5],[2,4]])
print(a)
result = np.linalg.inv(a)
print(result)
```

以下是样例输出：

```
[[3 5]
 [2 4]]
[[ 2. -2.5]
 [-1.  1.5]]
```

1.6　Numpy 数组的简单统计

在 Numpy 中，有很多可以"开箱即用"的方法，并且这些方法都是比较常用的方法。在本节，笔者将为大家介绍 Numpy 中一些常用的统计方法。

在讲述这些统计量以前，需要讲述"轴"的概念。在 Numpy 中，可以对整个数组进行计算，也可以沿某个轴进行计算，进而得出更丰富的统计量。

在 Numpy 中，轴 axis 的取值范围为 $0 \leqslant axis < n$，其中 n 为 Numpy 数组的维数。在 Numpy 中识别维数相对来说较为方便，可以采用"数括号"的方式进行。例如：

```
[[1 2 3]
 [4 5 6]
 [7 8 9]]
```

　　最外层括号内包含的是一行行元素，因此 axis=0 时代表着对每一行进行操作；第二层括号内是每一个元素，对于每一行来说第二个括号均代表元素，那么实质上 axis=1 就代表着对每一列进行操作。

　　1) 求 Numpy 数组中的最大值、最小值、平均值、所有元素和、标准差。

```python
import numpy as np

a = np.arange(1, 10).reshape(3, 3)
print(a)

print('----------')

# 求所有元素的最大值
max_ = a.max()
print(max_)
# 求每一行的最大值
max_ = a.max(axis = 0)
print(max_)
# 求每一列的最大值
max_ = a.max(axis = 1)
print(max_)

print('----------')

# 求所有元素的最小值
min_ = a.min()
print(min_)
# 求每一行的最小值
min_ = a.min(axis = 0)
print(min_)
# 求每一列的最小值
min_ = a.min(axis = 1)
print(min_)

print('----------')

# 求所有元素的平均值
mean = a.mean()
print(mean)
# 求每一行的平均值
```

```python
mean = a.mean(axis = 0)
print(mean)
# 求每一列的平均值
mean = a.mean(axis = 1)
print(mean)

print('----------')

# 求所有元素的和
sum_ = a.sum()
print(sum_)
# 求每一行的和
sum_ = a.sum(axis = 0)
print(sum_)
# 求每一列的和
sum_ = a.sum(axis = 1)
print(sum_)

print('----------')

# 求所有元素的标准差
std = a.std()
print(std)
# 求每一行的标准差
std = a.std(axis = 0)
print(std)
# 求每一列的标准差
std = a.std(axis = 1)
print(std)
```

以下是样例输出：

```
[[1 2 3]
[4 5 6]
[7 8 9]]
----------
9
[7 8 9]
[3 6 9]
----------
1
[1 2 3]
[1 4 7]
----------
5.0
```

```
[4. 5. 6.]
[2. 5. 8.]
----------
45
[12 15 18]
[ 6 15 24]
----------
2.581988897471611
[2.44948974 2.44948974 2.44948974]
[0.81649658 0.81649658 0.81649658]
```

2) 求 Numpy 数组的累积和。

```
import numpy as np

a = np.arange(1, 10).reshape(3, 3)
print(a)

print('----------')

cumsum = a.cumsum()
print(cumsum)
cumsum = a.cumsum(axis = 0)
print(cumsum)
cumsum = a.cumsum(axis = 1)
print(cumsum)
```

以下是样例输出：

```
[[1 2 3]
[4 5 6]
[7 8 9]]
----------
[ 1  3  6 10 15 21 28 36 45]
[[ 1  2  3]
[ 5  7  9]
[12 15 18]]
[[ 1  3  6]
[ 4  9 15]
[ 7 15 24]]
```

3) 求 Numpy 数组的特征值与特征向量。

```
import numpy as np

a = np.array([
    [1, 2, 3, 2],
```

```
    [2, 3, 4, 2],
    [3, 4, 1, 3],
    [2, 2, 3, 2]
])

eigvalue, eigvector = np.linalg.eig(a)
print(eigvalue)
# 特征向量为列向量
print(eigvector)
```

以下是样例输出：

```
[ 9.91548589 -2.83483043 -0.60761219 0.52695672]
[[ 0.41359182 0.33901387 -0.81118486 0.23662315]
[ 0.56773716 0.3792954 0.24745717 -0.68744052]
[ 0.5470969 -0.83250058 -0.07951611 -0.03612419]
[ 0.45530353 0.21942511 0.52385232 0.68566031]]
```

上面是求实矩阵特征值与特征向量的方法。如果遇到复矩阵，需要使用 Hermit 方法求解时，方法如下：

```
import numpy as np

a = np.array([
    [1 + 1j, 2 + 2j, 3 + 3j, 2 + 2j],
    [2 + 2j, 3 + 3j, 4 + 4j, 2 + 2j],
    [3 + 3j, 4 + 4j, 1 + 1j, 3 + 3j],
    [2 + 2j, 2 + 2j, 3 + 3j, 2 + 2j]
])

eigvalue, eigvector = np.linalg.eigh(a)
print(eigvalue)
# 特征向量为列向量
print(eigvector)
```

以下是样例输出：

```
[-5.77331147 -1.35528419 1.40640636 12.7221893 ]
[[-0.40676749-0.j       -0.6572088 +0.j       -0.47763582+0.j
-0.41770901+0.j ]
[-0.36642167+0.24011682j 0.31504794+0.28520225j 0.34079788-0.45239828j
-0.52855247-0.16525265j]
[ 0.55025075+0.47024308j -0.2088541 -0.19626472j 0.1466367 +0.23645505j
-0.37490766-0.41950758j]
[ 0.22983627-0.25669071j 0.38521159+0.39617321j -0.60928149+0.04918714j
-0.13320208-0.429602j ]]
```

1.7　Numpy 解决线性代数问题

Numpy 中有一个专门解决线性代数问题的子包 numpy.linalg，通过它可以解决线性代数中的问题。以下是使用该包的示例。

1) 求 Numpy 数组对应行列式的值。

```python
import numpy as np

a = np.array([
    [1, 2, 3, 2],
    [2, 3, 4, 2],
    [4, 3, 1, 3],
    [4, 6, 1, 2]
])

result = np.linalg.det(a)
print(result)
```

以下是样例输出：

```
-37.0
```

2) 解线性方程组，现有方程组如下：

$$\begin{cases} x_1 + x_2 + x_3 = 6 \\ 2x_1 + 5x_2 - x_3 = 27 \\ 2x_2 + 5x_3 = -4 \end{cases}$$

矩阵形式可写为

$$\begin{bmatrix} 1 & 1 & 1 \\ 2 & 5 & -1 \\ 0 & 2 & 5 \end{bmatrix} \begin{bmatrix} x_1 \\ x_2 \\ x_3 \end{bmatrix} = \begin{bmatrix} 6 \\ 27 \\ -4 \end{bmatrix}$$

使用 Python 代码解该线性方程组：

```python
import numpy as np

a = np.array([
    [1, 1, 1],
    [2, 5, -1],
    [0, 2, 5]
])
b = np.array([
    [6],
    [27],
    [-4]
```

```
])

resolution = np.linalg.solve(a, b)
print(resolution)
```

以下是样例输出：

```
[[ 5.]
 [ 3.]
 [-2.]]
```

根据程序计算结果有

$$x_1 = 5,\ x_2 = 3,\ x_3 = -2$$

1.8 Numpy 数组的广播机制

在科学计算的过程中，我们有可能需要使用 Numpy 数组广播的特性以简便计算。本节将为读者简单介绍 Numpy 数组的广播机制。

在之前的操作中，我们提到了广播机制。在此，我们再举一个例子：

```
import numpy as np

a = np.array([
    [1, 1, 1],
    [2, 2, 2],
    [3, 3, 3]
])
b = np.array([1, 2, 3])

print(a + b)
```

以下是样例输出：

```
[[2 3 4]
 [3 4 5]
 [4 5 6]]
```

Numpy 中的两个数组的广播遵循以下规则：① 如果两个数组在某一个维度上有相同的大小，或者其中一个数组在这个维度上的大小为 1，则这两个数组在这个维度上是可以广播的；② 如果两个数组的维数不相等，那么在低维数数组的形状中添加长度为 1 的维度，直到两个数组的维数相同，并且在各个维度上，要么具有相同的长度，要么其中一个的长度为 1；③ 在任意维度中，一个数组的大小为 1，另一个数组的大小为 $N(N > 1)$，则前一个数组的行为就像它是沿着这个维度复制了 N 次后的结果；④ 两个数组在所有维度上都兼容后，可以一起广播；⑤ 广播后，每个数组的行为就好像它的形状等于两个输入数组的每一维形状上的最大值，即最终输出的数组形状大小是输入数组的形状和各维度长度上的最大值。

上述的例子中，广播计算以后可以看成：

$$a + b = \begin{bmatrix} 1 & 1 & 1 \\ 2 & 2 & 2 \\ 3 & 3 & 3 \end{bmatrix} + \begin{bmatrix} 1 & 2 & 3 \end{bmatrix} \rightarrow$$

$$\begin{bmatrix} 1 & 1 & 1 \\ 2 & 2 & 2 \\ 3 & 3 & 3 \end{bmatrix} + \begin{bmatrix} 1 & 2 & 3 \\ 1 & 2 & 3 \\ 1 & 2 & 3 \end{bmatrix} = \begin{bmatrix} 2 & 3 & 4 \\ 3 & 4 & 5 \\ 4 & 5 & 6 \end{bmatrix}$$

第 2 章 Pandas——Python 数据分析库

Pandas is a fast, powerful, flexible and easy to use open source data analysis and
manipulation tool, built on top of the Python programming language.

以上这句话出自 Pandas 官网[①]，如此简短的一句话就能够说明 Pandas 这个库在 Python
中的作用，也显示出它的魅力。

2.1　为什么使用 Pandas

Pandas 是基于 Numpy 开发的一种工具，它的出现是为了解决繁重的数据分析任务。
Pandas 内含有许多其他第三方库以及一些常用的数据模型，并且对这些库和模型进行了一
定的封装，目的是提供高效地操作大型数据集。并且，使用 Pandas 能够快速以及便捷地
操作或者处理数据。

Pandas 是基于 Numpy 开发编写的。在一定程度上，Pandas 和 Numpy 操作是共通
的。除此之外，Pandas 还提供了许多 Numpy 没有的功能。由此，Pandas 可以看成 Numpy
的一种补充。同时 Pandas 也是"数据分析三剑客"中的一位成员。

注意，在 Python 中，习惯将 Pandas 简称为 pd。

2.2　Series

Series 是 Pandas 中独有的一个数据结构，同时也是 Pandas 中最基础的一个数据
结构。

Series 可以将其理解为一维数组，它与 Numpy 中的 1D-array 类似，同样也与原生
Python 中的 list 类型类似。Series 能够保存不同类型的数据，包括整型、浮点型、布尔型、
字符型等。

2.2.1　创建 Series

读者想要学习 Series，必须从学习如何创建一个 Series 开始。以下是 Series 的函数
接口：

```
pd.Series(
    data=None, index=None, dtype=None,
    name=None, copy=False, fastpath=False
)
```

---

① https://pandas.pydata.org/。

参数说明：

参数名称	参数说明
data	需要存储的数据
index	每个数据对应的索引，默认自动生成
dtype	数据类型
name	该 Series 名称
copy	是否复制输入数据
fastpath	—

其中，笔者需要特别说明的是 index 这个参数。有的读者可能会有疑问，明明是一维数据，我们还需要给它指定一个索引吗？

其实这也是 Pandas 的特点之一，Pandas 其实可以看成有了自定义索引的 Numpy 数组。有了自定义索引，也就使得 Pandas 操作起来更加顺手。需要注意的是，在编写自定义 index 时，需要与 data 的长度相匹配，否则在创建 Series 时会报错。

以下是几种常见的创建 Series 的方法。

(1) 通过数组创建

```
import numpy as np
import pandas as pd

a = np.array([100, 200, 300, 400, 500])
# 直接通过 Numpy 数组创建，并且不提供 index，则默认的 index 将会从 0 开始
s = pd.Series(a)
print(s)
```

以下是样例输出：

```
0    100
1    200
2    300
3    400
4    500
dtype: int32
```

根据以上输出，我们立刻可以发现 Pandas 和 Numpy 的不同之处。若是 Numpy 数组，将只会输出一个单纯的数组，而在 Pandas 中，不仅能观察到数据本身，还能观察到与其对应的索引值，最后在下方还能看到 Pandas 自动推测出来的数据类型。

(2) 通过字典创建

```
import pandas as pd

a = {'a': 1, 'b': 2, 'c': 3, 'd': 4, 'e': 5}
# 通过原生 Python 字典创建，字典中键为 index，值为数据
s = pd.Series(a)
print(s)
```

以下是样例输出：

```
a    1
b    2
c    3
d    4
e    5
dtype: int64
```

(3) 通过常量创建

```
import pandas as pd

s = pd.Series(10, index = range(5))
print(s)
```

以下是样例输出：

```
0    10
1    10
2    10
3    10
4    10
dtype: int64
```

当通过常量创建 Series 时，需要指定 index 以确保程序明确需要创建多少个值。

2.2.2　访问 Series

访问 Series 的方法与访问 Numpy 的方法相近，但访问 Series 的方法相比 Numpy 多出了可以访问索引这一项。

(1) 使用下标访问 Series 单个元素

与 Numpy 一致，对于 Series 可以直接使用下标对其进行访问。

```
import pandas as pd

a = {
    'a': 1,
    'b': 2,
    'c': 3,
    'd': 4,
    'e': 5
}
s = pd.Series(a)
print(s)

print(s[0])
```

以下是样例输出：

```
a    1
b    2
c    3
d    4
e    5
dtype: int64
1
```

(2) 使用切片语法访问 Series

对于 Series 仍然可以使用切片语法对其进行访问。注意，使用切片语法访问 Series 得到的结果仍然是一个 Series。

```
import pandas as pd

a = {
    'a': 1,
    'b': 2,
    'c': 3,
    'd': 4,
    'e': 5
}
s = pd.Series(a)
print(s)

result = s[1 : 3]
print(result)
print(type(result))
```

以下是样例输出：

```
a    1
b    2
c    3
d    4
e    5
dtype: int64
b    2
c    3
dtype: int64
<class 'pandas.core.series.Series'>
```

(3) 使用索引访问 Series

对于 Series 来说，最特别的莫过于可以使用 index 来访问对应元素。但当索引不存在时，解释器将会抛出 KeyError，所以在使用索引前需要保证索引存在。

```
import pandas as pd

a = {
    'a': 1,
    'b': 2,
    'c': 3,
    'd': 4,
    'e': 5
}
s = pd.Series(a)
print(s)

print('------')
# 使用索引访问单个值
print(s['c'])
print('------')
# 使用索引访问并按顺序组成新序列
print(s[['c', 'b', 'a']])
```

以下是样例输出：

```
a    1
b    2
c    3
d    4
e    5
dtype: int64
------
3
------
c    3
b    2
a    1
dtype: int64
```

2.2.3 Series 的属性

(1) pd.Series.values
该属性用于获取 Series 中的值，输出为 Numpy 数组。

```
import pandas as pd

a = {'a': 1, 'b': 2, 'c': 3, 'd': 4, 'e': 5}
s = pd.Series(a)
```

```
print(s.values)
print(type(s.values))
```

以下是样例输出：

```
[1 2 3 4 5]
<class 'numpy.ndarray'>
```

(2) pd.Series.index
该属性用于获取 Series 索引的值，输出为 Pandas 特有的 Index 序列。

```
import pandas as pd

a = {'a': 1, 'b': 2, 'c': 3, 'd': 4, 'e': 5}
s = pd.Series(a)

print(s.index)
print(type(s.index))
```

以下是样例输出：

```
Index(['a', 'b', 'c', 'd', 'e'], dtype = 'object')
<class 'pandas.core.indexes.base.Index'>
```

(3) pd.Series.name
该属性用于获取 Series 的 name 属性，用以区分不同的 Series。

```
import pandas as pd

a = {'a': 1, 'b': 2, 'c': 3, 'd': 4, 'e': 5}
s = pd.Series(a, name = 'new array')

print(s.name)
```

以下是样例输出：

```
new array
```

(4) pd.Series.shape
该属性用以获取 Series 的大小，返回类型为元组。

```
import pandas as pd

a = {'a': 1, 'b': 2, 'c': 3, 'd': 4, 'e': 5}
s = pd.Series(a)

print(s.shape)
```

以下是样例输出:

```
(5,)
```

(5) pd.Series.array
该属性用于将 Series 的值转化为特有的 PandasArray 而非 np.array。

```
import pandas as pd

a = {'a': 1, 'b': 2, 'c': 3, 'd': 4, 'e': 5}
s = pd.Series(a)

print(s.array)
```

以下是样例输出:

```
<PandasArray>
[1, 2, 3, 4, 5]
Length: 5, dtype: int64
```

(6) pd.Series.hasnans
该属性用于检测 Series 是否包含 nan。该方法常用于检测数据是否有缺失。

```
import numpy as np
import pandas as pd

a = {'a': 1, 'b': 2, 'c': 3, 'd': 4, 'e': 5}
s = pd.Series(a)
print(s.hasnans)

b = {'a': 1, 'b': np.nan, 'c': 3, 'd': 4, 'e': 5}
s = pd.Series(b)
print(s.hasnans)
```

以下是样例输出:

```
False
True
```

(7) pd.Series.is_unique
该属性用于检测 Series 中的元素是否唯一。

```
import numpy as np
import pandas as pd

a = {'a': 1, 'b': 2, 'c': 3, 'd': 4, 'e': 5}
s = pd.Series(a)
print(s.is_unique)
```

```
b = {'a': 1, 'b': 3, 'c': 3, 'd': 4, 'e': 5}
s = pd.Series(b)
print(s.is_unique)
```

以下是样例输出：

```
True
False
```

2.2.4　Series 常用函数

(1) pd.Series.head() 和 pd.Series.tail()

这两个函数用于显示 Series 的前后多个元素，一般用于查看大数据集的首尾元素。

```
import numpy as np
import pandas as pd

s = pd.Series(np.arange(1000))
print(s.head(5))
print('-----')
print(s.tail(5))
```

以下是样例输出：

```
0    0
1    1
2    2
3    3
4    4
dtype: int32
-----
995    995
996    996
997    997
998    998
999    999
dtype: int32
```

(2) pd.Series.reindex()

按照新的索引对序列的元素进行重新排列，如果某个索引值不存在，就形成一个空洞，默认情况下，在空洞处插入缺失值。

```
import pandas as pd

a = {'a': 1, 'b': 2, 'c': 3, 'd': 4, 'e': 5}
s = pd.Series(a)
```

```
print(s.reindex(['b', 'c', 'd', 'e', 'f', 'a']))
```

以下是样例输出：

```
b    2.0
c    3.0
d    4.0
e    5.0
f    NaN
a    1.0
dtype: float64
```

(3) pd.Series.drop()

该函数用于丢弃指定项。

```
import pandas as pd

a = {'a': 1, 'b': 2, 'c': 3, 'd': 4, 'e': 5}
s = pd.Series(a)
s = s.reindex(['b', 'c', 'd', 'e', 'f', 'a'])
print(s.drop('f'))
```

以下是样例输出：

```
b    2.0
c    3.0
d    4.0
e    5.0
a    1.0
dtype: float64
```

(4) pd.Series.map()

该函数用于对 Series 每个元素执行对应函数，类似于原生 map。

```
import pandas as pd

a = {'a': 1, 'b': 2, 'c': 3, 'd': 4, 'e': 5}
s = pd.Series(a)
s = s.reindex(['b', 'c', 'd', 'e', 'f', 'a'])
# inplace 代表直接修改原 Series 上的值，因此不用再做赋值操作
s.drop('f', inplace=True)
print(s)
print(s.map(lambda x: 3 if x > 3 else x - 1))
```

以下是样例输出：

```
b    1.0
c    2.0
```

```
d    3.0
e    3.0
a    0.0
dtype: float64
```

(5) pd.Series.sort_index()
该函数基于 index 排序。

```
import pandas as pd

a = {'a': 1, 'b': 2, 'c': 3, 'd': 4, 'e': 5}
s = pd.Series(a)
s = s.reindex(['b', 'c', 'd', 'e', 'f', 'a'])
s.drop('f', inplace = True)
s.sort_index(ascending = True, inplace = True)
print(s)
```

以下是样例输出:

```
a    1.0
b    2.0
c    3.0
d    4.0
e    5.0
dtype: float64
```

(6) pd.Series.sort_values()
该函数基于 value 排序。

```
import pandas as pd

a = {'a': 1, 'b': 2, 'c': 3, 'd': 4, 'e': 5}
s = pd.Series(a)
s = s.reindex(['b', 'c', 'd', 'e', 'f', 'a'])
s.sort_values(ascending = True, inplace = True)
print(s)
```

以下是样例输出:

```
a    1.0
b    2.0
c    3.0
d    4.0
e    5.0
f    NaN
dtype: float64
```

2.3 从 Series 到 DataFrame

在 Pandas 中，DataFrame 其实更常见，操作也会更多。DataFrame 其实可以看成一个二维数组，它的每一列都是一个 Series。对于 DataFrame 来说，最好的理解方式就是将它看成一个 Excel 表格，只要是 Excel 能够完成的它都能够完成。

DataFrame 经常用来进行数据的归类处理以及必需的条件运算，其最大的特点在于它也存在 index 这样的说法，使得操作更加便捷。并且，DataFrame 还可以运用基于时间上的 index，对时间数据进行一个有效的整理。

2.3.1 创建 DataFrame

想要研究 DataFrame，第一步就是要创建 DataFrame：

```
pd.DataFrame(
    data=None,
    index: Optional[Axes]=None,
    columns: Optional[Axes]=None,
    dtype: Optional[Dtype]=None,
    copy: bool=False,
)
```

参数说明：

参数名称	参数说明
data	需要转化为 DataFrame 的数据
index	行索引
columns	列索引
dtype	数据类型，一般自动读取
copy	是否复制数据

DataFrame 一般都是对二维数据进行操作。因此，传入的参数中 data 应当为一个二维数组。DataFrame 的行索引以及列索引若不分配，则将从 0 自动开始计算。

(1) 直接创建

通过直接创建的方式创建 DataFrame 指的是直接将创建内容传给 DataFrame 函数。

```
import pandas as pd

df = pd.DataFrame([
    [0.11, 0.12, 0.13],
    [0.21, 0.22, 0.23],
    [0.31, 0.32, 0.33]
])

print(df)
```

以下是样例输出：

```
        0      1      2
0    0.11   0.12   0.13
1    0.21   0.22   0.23
2    0.31   0.32   0.33
```

由上述结果我们可以看到，DataFrame 把我们传入的数据按照一个二维表的方式展现了出来，并且为我们自动配上了索引。那么接下来，我们试着改变一下索引值：

```
import pandas as pd

df = pd.DataFrame([
    [0.11, 0.12, 0.13],
    [0.21, 0.22, 0.23],
    [0.31, 0.32, 0.33]
],
    index = [1, 2, 3],
    columns = ['指标 A', '指标 B', '指标 C']
)

print(df)
```

以下是样例输出：

```
    指标A     指标B     指标C
1   0.11   0.12   0.13
2   0.21   0.22   0.23
3   0.31   0.32   0.33
```

由此可以看到，我们成功地更改了行索引和列索引，使得 DataFrame 更像我们平时所熟知的表格。

(2) 从字典创建

DataFrame 同样支持从字典创建。

```
import pandas as pd

data = {
    '指标 A': [0.11, 0.12, 0.13],
    '指标 B': [0.21, 0.22, 0.23],
    '指标 C': [0.31, 0.32, 0.33]
}

df = pd.DataFrame(data)

print(df)
```

以下是样例输出：

```
      指标A      指标B      指标C
1   0.11   0.12   0.13
2   0.21   0.22   0.23
3   0.31   0.32   0.33
```

注意，字典的键将作为列值，对应的值将是 DataFrame 中每一列的值，读者若需要通过字典创建 DataFrame，那么就需要弄清楚键值所对应的内容，以免造成不必要的错误。

(3) 通过文件创建

通过文件创建 DataFrame 也是常用的一种方法，支持的文件包括但不限于 json/excel/csv 文件。

```python
import pandas as pd

# 通过 json 创建 DataFrame
df = pd.read_json('test.json')

# 通过 excel 创建 DataFrame
pd.read_excel('test.xlsx')

# 通过 csv 创建 DataFrame
pd.read_csv('test.csv')
```

2.3.2　DataFrame 的常用方法

(1) pd.DataFrame.values

该函数用于返回一个 Numpy 数组。

```python
import pandas as pd

df = pd.DataFrame([
    [0.11, 0.12, 0.13],
    [0.21, 0.22, 0.23],
    [0.31, 0.32, 0.33]
],
    index = [1, 2, 3],
    columns = ['指标 A', '指标 B', '指标 C']
)

print(df.values)
print(type(df.values))
```

以下是样例输出：

```
[[0.11 0.12 0.13]
[0.21 0.22 0.23]
[0.31 0.32 0.33]]
<class 'numpy.ndarray'>
```

(2) pd.DataFrame.index
该函数用于获取行索引。

```
import pandas as pd

df = pd.DataFrame([
    [0.11, 0.12, 0.13],
    [0.21, 0.22, 0.23],
    [0.31, 0.32, 0.33]
],
    index = [1, 2, 3],
    columns = ['指标 A', '指标 B', '指标 C']
)

print(df.index)
print(type(df.index))
```

以下是样例输出：

```
Int64Index([1, 2, 3], dtype='int64')
<class 'pandas.core.indexes.numeric.Int64Index'>
```

(3) pd.DataFrame.columns
该函数用于获取列索引。

```
import pandas as pd

df = pd.DataFrame([
    [0.11, 0.12, 0.13],
    [0.21, 0.22, 0.23],
    [0.31, 0.32, 0.33]
],
    index = [1, 2, 3],
    columns = ['指标 A', '指标 B', '指标 C']
)

print(df.columns)
print(type(df.columns))
```

以下是样例输出：

```
Index(['指标 A', '指标 B', '指标 C'], dtype = 'object')
<class 'pandas.core.indexes.base.Index'>
```

(4) pd.DataFrame.T

该函数用于将行列对调，相当于对数据做一个转置。

```
import pandas as pd

df = pd.DataFrame([
    [0.11, 0.12, 0.13],
    [0.21, 0.22, 0.23],
    [0.31, 0.32, 0.33]
],
    index = [1, 2, 3],
    columns = ['指标 A', '指标 B', '指标 C']
)

print(df)
print(df.T)
```

以下是样例输出：

```
    指标A    指标B    指标C
1   0.11   0.12   0.13
2   0.21   0.22   0.23
3   0.31   0.32   0.33
        1      2      3
指标A    0.11   0.21   0.31
指标B    0.12   0.22   0.32
指标C    0.13   0.23   0.33
```

(5) pd.DataFrame.head() 和 pd.DataFrame.tail()

这两个函数用于获取表首和表尾的数据。

```
import pandas as pd

df = pd.DataFrame([
    [0.11, 0.12, 0.13],
    [0.21, 0.22, 0.23],
    [0.31, 0.32, 0.33]
],
    index = [1, 2, 3],
    columns = ['指标 A', '指标 B', '指标 C']
)
```

```
print(df.head(1))
print(df.tail(1))
```

以下是样例输出：

```
    指标A    指标B    指标C
1   0.11   0.12   0.13

    指标A    指标B    指标C
3   0.31   0.32   0.33
```

(6) pd.DataFrame.describe()

该函数用于查看各列统计信息，使用该方法可以简单地查看整张表的信息，对该二维表有一个大致的掌握。

```
import pandas as pd

df = pd.DataFrame([
    [0.11, 0.12, 0.13],
    [0.21, 0.22, 0.23],
    [0.31, 0.32, 0.33]
],
    index = [1, 2, 3],
    columns = ['指标 A', '指标 B', '指标 C']
)

print(df.describe())
```

以下是样例输出：

```
         指标A    指标B    指标C
count    3.00   3.00   3.00
mean     0.21   0.22   0.23
std      0.10   0.10   0.10
min      0.11   0.12   0.13
25%      0.16   0.17   0.18
50%      0.21   0.22   0.23
75%      0.26   0.27   0.28
max      0.31   0.32   0.33
```

2.3.3　DataFrame 中数据的选取

在 DataFrame 中，对于数据的选取仍然有一定的规则，有关于选取单个数据的，也有关于选取一行或者一列数据的，同时也有关于选取矩形区域数据内容的。

本节内容讲解将基于如下 DataFrame 进行：

```
import pandas as pd

df = pd.DataFrame([
    [0.11, 0.12, 0.13],
    [0.21, 0.22, 0.23],
    [0.31, 0.32, 0.33]
],
    index = [1, 2, 3],
    columns = ['col_A', 'col_B', 'col_C']
)

print(df)
```

以下是样例输出：

```
   col_A  col_B  col_C
1   0.11   0.12   0.13
2   0.21   0.22   0.23
3   0.31   0.32   0.33
```

2.3.3.1 选取特定列

方案一： 该方法使用中括号形式选取特定列，输出类型为 Series。

```
print(df['col_B'])
print(type(df['col_B']))
```

方案二： 该方法使用 "." 的形式直接访问数据，但前提是列名必须满足 Python 变量的命名规则，否则将无法访问列数据。

```
print(df.col_B)
print(type(df.col_B))
```

方案三： 使用 iloc 函数进行选择。该函数是和行操作混合形成的，一般不建议选择一列时使用该操作，因为其语义性并不是很强。

```
print(df.iloc[:, 1])
print(type(df.iloc[:, 1]))
```

以上三种方案输出均为

```
1    0.12
2    0.22
3    0.32
Name: col_B, dtype: float64
<class 'pandas.core.series.Series'>
```

2.3.3.2　选取多列

方案一：直接采用索引的方法。需要注意的是，在书写列名的时候需要再添加一个中括号后再书写多列列名，相当于书写列表。

```
print(df[['col_B', 'col_C']])
print(type(df[['col_B', 'col_C']]))
```

方案二：使用 iloc 函数进行选择。

```
print(df.iloc[:, 1:])
print(type(df.iloc[:, 1:]))
```

以上两种方案输出均为

```
   col_B  col_C
1   0.12   0.13
2   0.22   0.23
3   0.32   0.33
<class 'pandas.core.frame.DataFrame'>
```

2.3.3.3　选取特定行

方案一：直接使用下标。

```
print(df[1: 2])
print(type(df[1: 2]))
```

方案二：使用 loc 函数。

```
print(df.loc[2])
print(type(df.loc[2]))
```

方案三：使用 iloc 函数。

```
print(df.iloc[1, :])
print(type(df.iloc[1, :]))
```

以上三种方案输出均为

```
col_A    0.21
col_B    0.22
col_C    0.23
Name: 2, dtype: float64
```

2.3.3.4　选取多行

方案一：直接使用下标。

```
print(df[1:])
print(type(df[1:]))
```

方案二：使用 loc 函数。

```
print(df.loc[2:])
print(type(df.loc[2:]))
```

方案三：使用 iloc 函数。

```
print(df.iloc[1:, :])
print(type(df.iloc[1:, :]))
```

以上三种方案输出均为

```
    col_A  col_B  col_C
2   0.21   0.22   0.23
3   0.31   0.32   0.33
<class 'pandas.core.frame.DataFrame'>
```

2.3.3.5 选取特定元素

方案一：使用 loc 函数。

```
print(df.loc[2][1])
print(type(df.loc[2][1]))
```

方案二：使用 iloc 函数，笔者更推荐使用该方案。

```
print(df.iloc[1, 1])
print(type(df.iloc[1, 1]))
```

以上两种方案输出均为

```
0.22
<class 'numpy.float64'>
```

2.3.3.6 选取矩形区域

选取 DataFrame 中的一个矩形区域，笔者推荐使用如下方法：

```
print(df.iloc[1:, 1:])
print(type(df.iloc[1:, 1:]))
```

上述方案输出为

```
    col_B  col_C
2   0.22   0.23
3   0.32   0.33
<class 'pandas.core.frame.DataFrame'>
```

2.3.4　分组与聚合统计

Pandas 的 DataFrame 就像一个 Excel 表格，因此 DataFrame 可以像 Excel 一样进行分类统计的操作。在 DataFrame 中可以将分类统计称为"分组与聚合统计"。

我们先来看一个例子，假设我们现在有如下数据表存放在 test.csv 文件中：

```
data1,data2,data3,area
-44.34334,3343.33498,768.6353,A
986,3463.00,2539.3725,A
7693.89,6486.8742,9963.954,B
9758.6369,5325.9854,976.74,C
8648.74,864.964,86.754,B
```

我们对它进行如下操作：

```
import pandas as pd

df = pd.read_csv('test.csv')
print(df)

mean = df.groupby('area').mean().add_prefix('mean_')
print(mean)

merge = pd.merge(df, mean, left_on='area', right_index=True)
print(merge)
```

经过上述操作，我们可以获得根据 area 分组以后的三个数据的平均值：

```
        data1        data2        data3 area
0    -44.34334   3343.33498      768.6353    A
1    986.00000   3463.00000     2539.3725    A
2   7693.89000   6486.87420     9963.9540    B
3   9758.63690   5325.98540      976.7400    C
4   8648.74000    864.96400       86.7540    B
mean_data1  mean_data2   mean_data3
area
A      470.82833   3403.16749     1654.0039
B     8171.31500   3675.91910     5025.3540
C     9758.63690   5325.98540      976.7400
   data1    data2    data3 area   mean_data1    mean_data2    mean_data3
0 -44.34334 3343.33498 768.6353 A 470.82833 3403.16749 1654.0039
1 986.00000 3463.00000 2539.3725 A 470.82833 3403.16749 1654.0039
2 7693.89000 6486.87420 9963.9540 B 8171.31500 3675.91910 5025.3540
4 8648.74000 864.96400 86.7540 B 8171.31500 3675.91910 5025.3540
3 9758.63690 5325.98540 976.7400 C 9758.63690 5325.98540 976.7400
```

　　精读上述例子后可以发现，其中最重要的函数就是 groupby 函数。这个函数在 Data-Frame 中用于分组，其经常和统计函数一起使用。

　　groupby 本身返回的不是一个 DataFrame，这一点让很多初学者不能理解。为什么不能返回一个已经完成分组的 DataFrame 呢？原因是我们使用 groupby 的目的是聚合统计，它返回的是一个 DataFrameGroupBy 对象，用于进行下一步操作。

```
import pandas as pd

df = pd.read_csv('test.csv')

print(df.groupby('area'))
```

　　以下是样例输出：

```
<pandas.core.groupby.generic.DataFrameGroupBy object at 0x079A7BF0>
```

　　我们可以将 DataFrameGroupBy 搭配 sum、mean 等操作进行聚合统计：

```
import pandas as pd

df = pd.read_csv('test.csv')

print(df.groupby('area').sum())
print(df.groupby('area').max())
print(df.groupby('area').min())
print(df.groupby('area').mean())
```

　　以下是样例输出：

```
          data1         data2         data3
area
A       941.65666    6806.33498     3308.0078
B     16342.63000    7351.83820    10050.7080
C      9758.63690    5325.98540      976.7400
          data1         data2         data3
area
A       986.0000     3463.0000     2539.3725
B      8648.7400     6486.8742     9963.9540
C      9758.6369     5325.9854      976.7400
          data1         data2         data3
area
A       -44.34334    3343.33498     768.6353
B      7693.89000     864.96400      86.7540
C      9758.63690    5325.98540     976.7400
          data1         data2         data3
area
A       470.82833    3403.16749    1654.0039
```

B	8171.31500	3675.91910	5025.3540
C	9758.63690	5325.98540	976.7400

2.3.5　时间序列分析

在分析和处理数据时，难免会碰到有时间序列的分析，特别是需要考虑月平均值或者年平均值时，处理数据会变得极其麻烦。但是在 DataFrame 中，如果将日期处理成时间序列的话，那么一定程度上就可以简化计算。

首先我们来看一下以下数据：

```
time,data
2019/01/01 00:00:00,890
2019/01/15 00:00:00,897
2019/02/01 00:00:00,780
2019/02/15 00:00:00,789
2020/01/01 00:00:00,865
2020/01/15 00:00:00,757
2020/02/01 00:00:00,853
2020/02/15 00:00:00,937
```

上述是一个简单化后的数据，如果我们希望分析月度和年度的平均值，那么我们应当如何进行操作呢？读者可能第一时间想到的是将 time 列分别按月度和年度排序，然后进行求平均值的操作，但是有没有更快的方案呢？

DataFrame 中的时间序列能够帮助我们快速操作。我们先将数据读入 DataFrame 来看看 time 列是什么类型：

```
import pandas as pd

df = pd.read_csv('test.csv')
print(df['time'])
```

以下是样例输出：

```
0    2019/01/01 00:00:00
1    2019/01/15 00:00:00
2    2019/02/01 00:00:00
3    2019/02/15 00:00:00
4    2020/01/01 00:00:00
5    2020/01/15 00:00:00
6    2020/02/01 00:00:00
7    2020/02/15 00:00:00
Name: time, dtype: object
```

很明显，time 列的类型是 object，而不是我们期望的时间类型，通过 Pandas 中的操作可以将该列变为 datetime 类型。

```
import pandas as pd

df = pd.read_csv('test.csv')
df['time'] = pd.to_datetime(df['time'])
print(df['time'])
```

以下是样例输出：

```
0    2019-01-01
1    2019-01-15
2    2019-02-01
3    2019-02-15
4    2020-01-01
5    2020-01-15
6    2020-02-01
7    2020-02-15
Name: time, dtype: datetime64[ns]
```

通过上述操作，我们明显地可以观察到，time 列的类型已经转变为 datetime64 类型。转变为 datetime 类型是使用时间序列的第一步。

第二步就是要将时间设为行的索引，以便于接下来的时间聚合操作。

```
import pandas as pd

df = pd.read_csv('test.csv')
df['time'] = pd.to_datetime(df['time'])
df = df.set_index(df['time'])
df = df.drop(['time'], axis = 1)
print(df)
```

以下是样例输出：

```
            data
time
2019-01-01   890
2019-01-15   897
2019-02-01   780
2019-02-15   789
2020-01-01   865
2020-01-15   757
2020-02-01   853
2020-02-15   937
```

接下来我们按照月统计以及年统计即可快速完成时间序列操作。

```
import pandas as pd

df = pd.read_csv('test.csv')
df['time'] = pd.to_datetime(df['time'])
df = df.set_index(df['time'])
df = df.drop(['time'], axis = 1)
print(df)
```

以下是样例输出：

```
          data
time
2019-01   893.5
2019-02   784.5
2019-03     NaN
2019-04     NaN
2019-05     NaN
2019-06     NaN
2019-07     NaN
2019-08     NaN
2019-09     NaN
2019-10     NaN
2019-11     NaN
2019-12     NaN
2020-01   811.0
2020-02   895.0
          data
time
2019      839
2020      853
```

第 3 章　Scipy——Python 科学计算

Scipy[①] 也是科学计算中十分受欢迎的一个包，它主要用于解决科学问题，而非底层的计算。

Scipy 是一款方便、易于使用、专为科学和工程设计的 Python 工具包，它包括统计、优化、整合以及线性代数模块、傅里叶变换、信号和图像图例、常微分方程的求解等内容。

3.1　为什么使用 Scipy

Scipy 是基于 Numpy 开发出来的一个更高层次的工具包，同时该工具包也是"数据分析三剑客"之一。使用 Scipy 不仅能够享受 Numpy 带来的快速运算，同时因为 Scipy 是 Numpy 更高级的封装，在使用 Scipy 过程中也能享受到更方便的科学计算功能，使得使用者关注如何去解决科学问题而不是编写代码本身。

Scipy（在 Python 中通常被简写为 sp）包含了很多运算子包：

子包路径	子包说明
sp.cluster	聚类分析
sp.constants	物理数学常量
sp.fftpack	傅里叶变换
sp.integrate	微积分求解
sp.interpolate	插值与平滑
sp.io	输入输出
sp.linalg	线性代数
sp.ndimage	多维图像处理
sp.odr	正交距离回归
sp.optimize	优化及路径算法
sp.signal	信号处理
sp.sparse	稀疏矩阵
sp.spatial	空间数据结构和算法
sp.special	其他特殊功能
sp.stats	统计相关

3.2　sp.cluster

在 Scipy 中，cluster 是用来进行聚类分析的包。聚类是指将物理或抽象对象的集合分成由类似的对象组成的多个类的过程。由聚类所生成的簇是一组数据对象的集合，这些对象与同一个簇中的对象彼此相似，与其他簇中的对象相异。

---

① https://www.scipy.org/。

Scipy 中的 cluster 子包主要提供了两种聚类方法，一种是矢量量化，另一种是层次聚类。本节主要讲述这两种聚类方法的 Scipy 实现。

3.2.1　K-Means 聚类

K-Mean 聚类算法（K-Means clustering algorithm）是一种迭代求解的聚类分析算法，其步骤是：先将数据分为 K 组，随机选取 K 个对象作为初始的聚类中心，然后计算每个对象与各个种子聚类中心之间的距离，把每个对象分配给距离它最近的聚类中心。

以下是使用 Scipy 进行 K-mean 计算的程序：

```
import numpy as np
from scipy.cluster.vq import kmeans, vq, whiten

# 随机生成 20 个点，每个点的维度为四维，并且对数据进行归一化处理
data = whiten(np.random.randn(20, 4))

# 第一个参数是进行聚类运算的数据，第二个为分组数
# 第二个参数一般根据需要进行，可先对数据做层次分析后再根据层次数确定
result = kmeans(data, 4)

# 结果中，第一个为聚类中心，个数为传入个数，第二个为损失情况
print(result)

# 对聚类结果打上标签，并且返回数据的距离
label = vq(data, result[0])

print(label)
```

以下是样例输出：

```
(array([[ 0.25239751, -0.8206911 , -0.32255371,  0.14316598],
        [-0.55810927,  0.83552502,  0.2663998 , -0.85146515],
        [-2.08630487, -0.53705893, -0.44135562,  0.83767865],
        [-0.99621574,  1.69622709,  1.22114425,  2.0685627 ]]),
    1.2168253731588976)
(array([1, 0, 2, 1, 1, 1, 2, 1, 0, 2, 0, 0, 1, 0, 2, 0, 3, 1, 1, 0]), array
    ([1.51871939, 1.5422535 , 1.6260237 , 1.47992339, 1.04746169,
        0.6514204 , 0.77204985, 2.12172452, 1.00405313, 1.67569925,
        1.80050463, 0.60506614, 0.88994915, 1.51099045, 0.72301957,
        1.08664533, 0.        , 0.98353797, 1.27633097, 2.02113443]))
```

3.2.2　层次聚类

层次聚类所用的方法是，通过某种相似度测算来对比每个被计算节点间的相似程度，并且按照相似度由高到低进行排序，而后逐步连接每个节点。

```python
import numpy as np
import scipy as sp
import scipy.cluster.hierarchy as sch


# 随机生成 20 个点，每个点的维度为四维
data = np.random.randn(20, 4)

# 测算每个点之间的距离
distance = sch.distance.pdist(data, 'euclidean')

# 进行层次聚类运算
z = sch.linkage(distance, method = 'average')

# 获取聚类结果
result = sch.fcluster(z, t = 1)
print(result)
```

以下是样例输出：

```
[3 5 7 7 1 1 2 2 4 7 9 5 4 7 3 6 8 2 6 5]
```

3.3　sp.constants

Scipy 是用来进行科学计算的包之一，而科学计算中又有很多常量。Scipy 已经内置了一些常见的常量来方便我们的计算，以下是 Scipy 中常用的常量表：

符号	说明
pi	圆周率 π
golden	黄金分割
c	真空中光速
speed_of_light	真空中光速
h	普朗克常数
Planck	普朗克常数
G	引力常数
e	基本电荷
R	气体摩尔常数
Avogadro	阿伏伽德罗常数
k	玻尔兹曼常数
m_e	电子质量
electron_mass	电子质量
proton_mass	质子质量
m_p	质子质量
m_n	中子质量
neutron_mass	中子质量
...	...

我们可以用如下方式使用常量：

```
import scipy as sp
import scipy.constants

print(sp.constants.pi)
```

以下是样例输出：

```
3.141592653589793
```

3.4　sp.fftpack

傅里叶变换多用在信号处理等领域，在 Scipy 中就有一个子包单独支持进行傅里叶变换，并且支持快速傅里叶变换。

首先我们来看一下一维离散数据的傅里叶变换：

```
import scipy as sp
import scipy.fftpack

x = [1.0, -2.0, 1.0, -1.0, 1.5]

# 傅里叶变换
y = sp.fftpack.fft(x)
print(y)

# 傅里叶变换的逆变换
x_i = sp.fftpack.ifft(y)
print(x_i)
```

以下是样例输出：

```
[0.5 -0.j 0.8454915+2.1531273j 1.4045085+3.95936142j
1.4045085 - 3.95936142j 0.8454915 - 2.1531273j ]
[ 1.+0.j -2.+0.j 1.+0.j -1.+0.j 1.5+0.j]
```

在此基础上，我们来处理一个嘈杂信号。利用 Scipy 提供的快速傅里叶变换：

```
import numpy as np
import scipy as sp
import scipy.fftpack

time_step = 0.01
time_vec = np.arange(0, 20, time_step)

# 在干净的信号上增加噪声以制造数据
```

```
sig = np.sin(2*np.pi/(time_vec + 1)) + np.random.randn()

# 利用快速傅里叶变换处理信号
result = sp.fftpack.fft(sig)
print(result)
```

以下是样例输出：

```
[1184.99050727 -0.j -138.40577543-246.37150076j
-198.42142752 -51.30903656j ... -163.98079453 -39.69669915j
-198.42142752 +51.30903656j -138.40577543+246.37150076j]
```

3.5 sp.integrate

在复杂的科学计算中，总少不了微积分的身影。在 Scipy 中，它已经为我们配备了求解定积分的函数包 sp.integrate，以下是其常用函数以及说明。

函数	函数说明
quad	一重积分
dblquad	二重积分
tplquad	三重积分
nquad	n 重积分
fixed_quad	n 阶高斯积分
...	...

我们可以尝试使用该函数包来计算一个一重积分：

$$y = -\int_0^1 e^{-x^2}\, dx$$

计算程序如下：

```
import numpy as np
import scipy as sp
import scipy.integrate

# 积分函数返回的是一个元组
# 其中，第一个值为函数积分值
# 第二个值是由于计算机误差产生的误差值
result = sp.integrate.quad(lambda x: -1 * np.exp(-x**2), 0, 1)
print(result)
```

以下是样例输出：

```
(-0.7468241328124271, 8.291413475940725e-15)
```

接着我们尝试使用该函数包计算一个二重积分：

$$p = \int_0^{1/2} \mathrm{d}y \int_0^{\sqrt{1-y^2}} xy\,\mathrm{d}x$$

计算程序如下：

```python
import numpy as np
import scipy as sp
import scipy.integrate

# 积分函数返回的是一个元组
# 其中，第一个值为函数积分值
# 第二个值是由于计算机误差产生的误差值
result = scipy.integrate.dblquad(
    lambda x, y: x * y,
    0, 0.5,
    0, lambda y: np.sqrt(1 - y**2)
)
print(result)
```

以下是样例输出：

```
(0.0546875, 2.0801516388394907e-15)
```

3.6　sp.interpolate

Scipy 中简单的插值可以先参照以下案例：

```python
import numpy as np
import matplotlib.pyplot as plt
from scipy.interpolate import interp1d

# 构造数据散点
x = np.linspace(0, 10*np.pi, num = 20)
y = np.sin(x)

# 线性插值
linear_result = interp1d(x, y, kind = 'linear')
# 三次样条插值
cubic_result = interp1d(x, y, kind = 'cubic')

# 预测值
x_pred = np.linspace(0, 10 * np.pi, num = 1000)
y_linear = linear_result(x_pred)
y_cubic = cubic_result(x_pred)
```

```
# 绘制观察结果
plt.plot(x_pred, y_linear, 'r', label = 'linear')
plt.plot(x_pred, y_cubic, 'b--', label = 'cubic')
plt.legend()
plt.show()
```

运行后，可以得到如下图像：

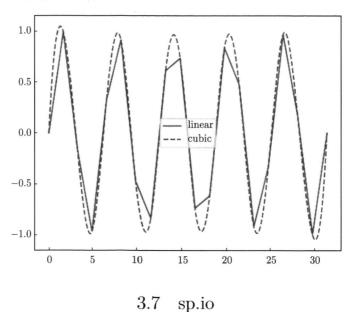

3.7 sp.io

Scipy 中关于输入和输出操作的是 sp.io 包，它可以用来操作 mat、netcdf 等文件，以下是使用 sp.io 操作 mat 文件的示例：

```
import numpy as np
import scipy as sp
import scipy.io

# 创建一个要保存的数据
data = np.arange(100)
# 保存路径
filename = './test.mat'
# 调用 sp.io 保存数据，注意保存的数据应当为字典形式
sp.io.savemat(filename, {'data': data})

# 读取已生成的文件
content = sp.io.loadmat(filename)
print(content)
```

以下是样例输出：

```
{'__header__': b'MATLAB 5.0 MAT-file Platform: nt, Created on: Wed Feb 26
17:35:57 2020', '__version__': '1.0', '__globals__': [], 'data': array([[
 0,  1,  2,  3,  4,  5,  6,  7,  8,  9, 10, 11, 12, 13, 14, 15,
16, 17, 18, 19, 20, 21, 22, 23, 24, 25, 26, 27, 28, 29, 30, 31,
32, 33, 34, 35, 36, 37, 38, 39, 40, 41, 42, 43, 44, 45, 46, 47,
48, 49, 50, 51, 52, 53, 54, 55, 56, 57, 58, 59, 60, 61, 62, 63,
64, 65, 66, 67, 68, 69, 70, 71, 72, 73, 74, 75, 76, 77, 78, 79,
80, 81, 82, 83, 84, 85, 86, 87, 88, 89, 90, 91, 92, 93, 94, 95,
96, 97, 98, 99]])}
```

3.8　sp.odr

Why Orthogonal Distance Regression (ODR)? Sometimes one has measurement errors in the explanatory (a.k.a., "independent") variable(s), not just the response (a.k.a., "dependent") variable(s).

上述是官方网站①给出为何要使用 ODR 的原因。由此，我们来看如下案例：

```python
import numpy as np
import scipy as sp
import scipy.odr


# 定义回归函数
def linear_func(p, x):
    m, c = p
    return m * x+c


# 制造数据
x_ = np.array([0, 1, 2, 3, 4, 5])
y_ = x_**2 + np.random.random(x_.size)
# 创建拟合模型
linear_model = sp.odr.Model(linear_func)
# 创建观测数据集
data = sp.odr.RealData(x_, y_)
# 创建 ODR
odr = sp.odr.ODR(data, linear_model, beta0 = [0., 1.])
# 执行回归
out = odr.run()
# 输出结果
out.pprint()
```

① https://docs.scipy.org/doc/scipy/reference/odr.html。

以下是样例输出：

```
Beta: [ 5.29841158 -3.65696966]
Beta Std Error: [0.75711759 2.26633351]
Beta Covariance: [[ 1.78783964 -4.46959869]
[-4.46959869 16.01952121]]
Residual Variance: 0.3206255370078817
Inverse Condition : 0.14650758791031068
Reason(s) for Halting:
Sum of squares convergence
```

3.9 sp.optimize

scipy.optimize 包提供了常用的优化算法。该模块中包含以下几个内容：① 基于多种算法的无约束和有约束条件下的最小化多元标量函数；② 优化器；③ 最小二乘法；④ 标量单变量函数最小化；⑤ 求解多元方程。

以下是最小二乘法样例：

```python
import numpy as np
import matplotlib.pyplot as plt
import scipy as sp
import scipy.optimize

# 构造样本点
x_ = np.array([160, 165, 158, 172, 159, 176, 160, 162, 171])
y_ = np.array([58, 63, 57, 65, 62, 66, 58, 59, 62])

# 回归函数
def func(p, x):
    k, b = p
    return k * x + b

# 误差函数设定
def error(p, x, y):
    return func(p, x) - y

# 把 error 函数中除了 p0 以外的参数打包到 args 中 (使用要求)
para = sp.optimize.leastsq(error, np.array([1, 20]), args = (x_, y_))
# 画样本点
plt.figure(figsize = (8, 6))
plt.scatter(x_, y_, color = "green", linewidth = 2)
# 画拟合直线
_x = np.linspace(150, 190, 100)
plt.plot(_x, para[0][0] * _x + para[0][1], color = "red", linewidth = 2)
```

```
plt.show()
```

　　运行后，可以得到下图：

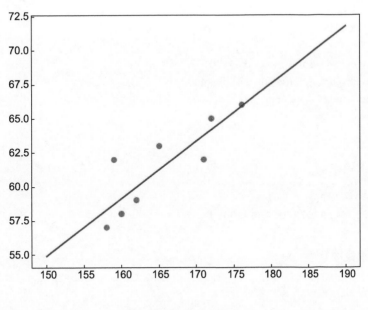

3.10　sp.stats

3.10.1　产生随机数

```
import scipy as sp
import scipy.stats as st

rv_unif = st.uniform.rvs(size = 10)
print(rv_unif)

rv_norm = st.norm.rvs(loc = 5, scale = 1, size = (2, 2))
print(rv_norm)

rv_beta = st.beta.rvs(size = 10, a = 4, b = 2)
print(rv_beta)
```

　　以下是样例输出：

```
[0.48907729 0.11195721 0.96574561 0.35214033 0.21922393 0.9074448
0.19201021 0.33730843 0.2998155  0.45128025]
[[5.35541363 4.92422064]
[3.32400445 2.86475922]]
[0.86604536 0.75515805 0.91892941 0.75891831 0.73382764 0.67018755
0.54806705 0.31517216 0.82227696 0.55466985]
```

3.10.2   求概率密度

```
import numpy as np
import scipy as sp
import scipy.stats

rv_unif = sp.stats.uniform.rvs(size = 10)
x = sp.stats.norm.pdf(0, loc = 0, scale = 1)
y = sp.stats.norm.pdf(np.arange(3), loc = 0, scale = 1)
print(x)
print(y)
```

以下是样例输出：

```
0.3989422804014327
[0.39894228  0.24197072  0.05399097]
```

3.10.3   求累积概率密度

```
import scipy as sp
import scipy.stats

a = sp.stats.norm.cdf(0, loc = 0, scale = 1)
print(a)

x = sp.stats.norm.cdf(1.65, loc = 0, scale = 1)
y = sp.stats.norm.cdf(1.96, loc = 0, scale = 1)
z = sp.stats.norm.cdf(2.58, loc = 0, scale = 1)
print(x, y, z)
```

以下是样例输出：

```
0.5
0.9505285319663519  0.9750021048517795  0.9950599842422293
```

3.10.4   累积分布函数的逆函数

```
import scipy as sp
import scipy.stats

inv_z05 = sp.stats.norm.ppf(0.05)
print(inv_z05)

z05 = sp.stats.norm.cdf(inv_z05)
print(z05)
```

以下是样例输出：

```
-1.6448536269514729
0.049999999999999975
```

3.11　其他计算包简介

3.11.1　sp.linalg

Scipy 中关于线性代数的计算包 sp.linalg 是基于 Numpy 开发的，两者实质上并没有什么差别，本节的学习可以参考 Numpy 中的线性代数包进行。

3.11.2　sp.ndimage

Scipy 中关于图像处理的子包是 sp.ndimage，其中 n 表示 n 维图像，使用该包可以：① 进行图像的输入和输出；② 对图像进行裁剪、翻转、旋转等操作；③ 对图像进行过滤、锐化等操作；④ 图像分割；⑤ 分类；⑥ 特征提取。

但本节不属于本书范畴，因此不在此展开进行讲解，有需要的读者可以前往官方网站[①]查阅文档。

3.11.3　sp.signal

Scipy 中 signal 是用于滤波分析的一个子包，本书第 12 章将详细叙述滤波分析，因此不在此进行叙述。

3.11.4　sp.sparse

Scipy 中 sparse 是专门用以处理稀疏矩阵的子包，那么何谓稀疏矩阵呢？在矩阵中，若数值为 0 的元素数目远远多于非 0 元素的数目，并且非 0 元素分布没有规律时，则称该矩阵为稀疏矩阵。

稀疏矩阵在大气海洋中应用较少，故不在此展开讲述，有需要的读者可以阅读官方文档[②]。

3.11.5　sp.spatial

Scipy 中 spatial 子包是关于空间数据结构和算法的内容，并且包含图论相关内容，但在大气海洋科学中并不适用，因此不展开讲述。

3.11.6　sp.special

Scipy 中 special 子包包含常用的一些函数与方法，其中内容包括但不限于立方根函数、指数函数、相对误差指数函数、对数和指数函数、兰伯特函数、排列和组合函数、伽马函数。

---

① https://docs.scipy.org/doc/scipy/reference/tutorial/ndimage.html。

② https://docs.scipy.org/doc/scipy/reference/sparse.html。

第 4 章 平 均 分 析

4.1 一维数组的算术平均

1) 功能：计算一维数组 $x_i(i = 1, 2, \cdots, k)$ 的平均值。

2) 方法说明：步骤一，计算数组的和；步骤二，总和除以数据个数。

$$\overline{x} = \frac{1}{k} \sum_{i=1}^{k} x_i$$

3) 程序语句：

```
np.mean(
    a, axis = None, dtype = None, out = None,
    keepdims = < class numpy._globals.
    _NoValue>
)
```

参数说明：

	参数名称	参数说明
输入参数	a	数组，期望进行算数平均计算的数组，若 a 不是数组则需要先转化为数组
	axis	整数或整数元组（默认为 None）（可选），计算轴，默认计算全部数据
	dtype	数据类型（可选），输出计算的数组类型。例如，输入整数，则默认类型为 float64；若输入浮点数，则输出类型也为浮点数
	out	ndarray 数组（可选），输出内容所需存放的数组变量，默认为 None，若提供则需与输出数组形状相同
	keepdims	布尔类型（可选），如果将其设置为 True，则输出结果将保持原有数组维度
输出参数	m	ndarray 数组，若 out 参数为 None，返回一个包含平均数的新数组

4) 案例：计算数组 $x_i = 10.0 + (i-1)^2$，$(i = 1, 2, \cdots, 100)$ 的算术平均值。

答案：

```
3293.5
```

4.2 一维数组的加权平均

1) 功能：计算一维数组 $x_i(i = 1, 2, \cdots, k)$ 的加权平均值，其对应的权重系数为 $f_i(i = 1, 2, \cdots, k)$。

2) 方法说明：步骤一，将数组的各要素乘以其对应的权重；步骤二，将乘以权重的数组求和后除以权重系数和。

$$\overline{x} = \frac{1}{\sum\limits_{i=1}^{k} f_i} \sum_{i=1}^{k} f_i x_i$$

3) 程序语句：

```
np.average(a, axis=None, weights=None, returned=False)
```

参数说明：

参数	参数名称	参数说明
输入参数	a	数组，期望进行加权平均计算的数组，若 a 不是数组则需要先转化为数组
	axis	整数或整数元组（默认为 None）（可选），计算轴，默认计算全部数据
	weights	数组（可选），与参数数组 a 相对应的权重。权重数组可为一维（此情况下，长度需与计算轴给定轴长度相同）或与 a 维度相同。若 weights=None，则默认权重均为 1
	returned	布尔类型（可选），默认值为 False。如果为 True，则返回元组（平均值，权重和），否则仅返回平均值。若 weights = None，sum_of_weights 等于求平均值的元素数
输出参数	m（retval,[sum_of_weights]）	加权平均值结果（沿指定计算轴），若 returend 为真，则一并输出 sum_of_weights

4) 案例：计算数组 $x_i = 10.0 + (i-1)^2$, $(i = 1, 2, \cdots, 100)$ 的加权平均值，其权重系数为 $f_i = \dfrac{1}{i}$。

答案：

```
945.9618
```

4.3　多维数组在指定维度的算术平均

1) 功能：计算多维数组在指定维度的算术平均值。

2) 方法说明：步骤一，指定维度；步骤二，计算该维度下所有值的算术平均值。

3) 程序语句：

```
np.mean(
    a, axis = None, dtype = None, out = None,
    keepdims = < class numpy._globals.
    _NoValue>
)
```

参数说明：

参数	参数名称	参数说明
输入参数	a	数组，期望进行算数平均计算的数组，若 a 不是数组则需要先转化为数组
	axis	整数或整数元组（默认为 None）（可选），计算轴，默认计算全部数据
	dtype	数据类型（可选），输出计算的数组类型。例如，输入整数，则默认类型为 float64；若输入浮点数，则输出类型也为浮点数
	out	ndarray 数组（可选），输出内容所需存放的数组变量，默认为 None，若提供则需与输出数组形状相同
	keepdims	布尔类型（可选），如果将其设置为 True，则输出结果将保持原有数组维度
输出参数	m	ndarray 数组，若 out 参数为 None，返回一个包含平均数的新数组

4) 案例：给定一个四维数组，$x(i,j,k,t) = \cos i + \sin j + 5k + t^2$，其中，$i,j,k,t = 1,2,3,4$，计算该数组分别沿 i,j,k,t 四个维度的算术平均值。

答案：

沿第一维度的算术平均值数组大小为

```
(2,3,4)
```

沿第二维度的算术平均值数组大小为

```
(1,3,4)
```

沿第三维度的算术平均值数组大小为

```
(1,2,4)
```

沿第四维度的算术平均值数组大小为

```
(1,2,3)
```

4.4 距　平

1) 功能：距平是某一系列数值中的某一个数值与其平均值的差，分正距平和负距平。

2) 方法说明：步骤一，计算数组的平均值；步骤二，用原始数据减去该数组的平均值。

3) 程序语句：

```
depature(a, axis)
```

参数说明：

	参数名称	参数说明
输入参数	a	数组，期望进行距平计算的数组，若 a 不是数组则需要先转化为数组
	axis	计算轴
输出参数	m	输出值，距平计算结果

4) 案例：北京地区某日逐小时（0~24h）的气温（℃）分布为 2.08、1.18、1.18、0.83、0.38、−0.027、−0.32、−0.20、0.67、3.4、5.08、6.38、7.44、8.60、9.70、10.55、10.55、9.78、6.47、4.90、4.46、4.28、4.29、3.99，计算该日逐时温度相对于当日平均温度的距平。

答案：

```
-2.32179167,  -3.22179167,  -3.22179167,  -3.57179167,  -4.02179167,
-4.42879167,  -4.72179167,  -4.60179167,  -3.73179167,  -1.00179167,
0.67820833,   1.97820833,   3.03820833,   4.19820833,   5.29820833,
6.14820833,   6.14820833,   5.37820833,   2.06820833,   0.49820833,
0.05820833,  -0.12179167,  -0.11179167,  -0.41179167
```

4.5　基于多年逐月气象观测资料计算月平均气候态及距平

1) 功能：该程序主要基于多年逐四维（经度、纬度、垂直高度、时间）气象观测资料 X，计算 $1 \sim 12$ 月各月的气候态及所有数据的距平值。

气候态：在地球科学领域通常指某变量在指定时间范围内的平均值。月平均气候态指某月份变量的多年平均值，年平均气候态指 $1 \sim 12$ 月气候态的平均。

距平：在地球科学领域通常指原始数据同其气候态之间的差。

2) 方法说明：步骤一，挑选出 $1 \sim 12$ 月的数据；步骤二，分别对每一个月的数据，在指定时间段上求算术平均值，该算术平均值即对应月份的气候态的值；步骤三，将原始数据减去对应月份的气候态，所得的差即对应时刻的距平。

3) 程序语句：

```
class ClimateState(unit = 'h', origin = '1800-01-01', start = None, end = None)
```

参数说明：

参数名称	参数说明
unit	字符串，统计时间单位，选择参照 pd.to_datetime
origin	时间字符串，数据起始时间
start	时间字符串，统计时间段起始时间
end	时间字符串，统计时间段结束时间

4) 方法：

```
__call__(a, t, axis = 0)
```

参数说明：

参数名称	参数说明
a	三维数组，原始资料场，第一维度为时间维度
t	一维数组，时间数组

5) 属性：

参数名称	参数说明
climate_state	气候态
depature	距平

6) 案例：基于 1948 年 1 月至 2020 年 1 月的美国国家环境预报中心（NCEP）月平均再分析 10m 纬向风场资料[①] 变量名为 uwnd (192，94，865)，192 代表经度方向上的格点数，94 代表纬度方向的格点数，865 代表时间维度。气候态的时间范围为 1981~2020 年，要求计算该变量 1～12 月的气候态、年平均气候态，以及 1948 年 1 月至 2020 年 1 月的距平值。

答案：见本书二维码对应的网址。

[①] https://www.esrl.noaa.gov/psd/data/gridded/data.ncep.reanalysis.derived.html。

第 5 章 误 差 分 析

5.1 平 均 误 差

1) 功能：基于观测和预报数据，计算观测结果和预报结果之间的平均误差。

2) 方法说明：

$$\mathrm{Bias} = \frac{1}{N} \sum_{i=1}^{n} (P_i - O_i)$$

式中，$P_i(i = 1, \cdots, N)$ 表示预报结果；$O_i(i = 1, \cdots, N)$ 表示和预报结果相对应的观测结果。平均误差计算时正负误差抵消，反映的是计算区域内的某种系统性误差。

3) 程序语句：

```
mean_error(f, o)
```

参数说明：

	参数名称	参数说明
输入参数	f	预报值（一维数组）
	o	真实值（一维数组）
输出参数	m	平均误差计算结果（浮点数）

4) 案例：某气象站某日逐时（0~24h）2m 气温（℃）预报结果。

11.74	11.20	10.72	10.39	9.99	9.73	9.38	9.17	9.52	11.58	13.34	14.90
16.30	17.54	18.61	19.35	19.54	19.19	18.29	17.21	16.74	16.29	15.87	15.37

其对应的逐时（0~24h）观测结果。

14.93	14.45	14.12	13.86	13.45	13.14	12.82	12.17	12.46	16.02	17.82	19.27
20.08	20.79	21.30	21.54	21.59	21.34	20.30	19.08	18.59	18.09	17.47	16.72

计算该气象站 2m 气温 0~24h 预报的平均误差。

答案：

```
-2.8933
```

5.2 平均绝对误差

1) 功能：基于观测和预报数据，计算观测结果和预报结果之间的平均绝对误差。

2) 方法说明：

$$\mathrm{MAE} = \frac{1}{N} \sum_{i=1}^{n} |P_i - O_i|$$

式中，$P_i(i=1,\cdots,N)$ 表示预报结果；$O_i(i=1,\cdots,N)$ 表示和预报结果相对应的观测结果。平均绝对误差表示预报结果相对检验标准偏移量的平均大小。

3) 程序语句：

```
mean_absolute_error(f, o)
```

参数说明：

	参数名称	参数说明
输入参数	f	预报值（一维数组）
	o	真实值（一维数组）
输出参数	m	平均绝对误差计算结果（浮点数）

4) 案例：某气象站某日逐时（0~24h）2m 气温（℃）预报结果。

11.74	11.20	10.72	10.39	9.99	9.73	9.38	9.17	9.52	11.58	13.34	14.90
16.30	17.54	18.61	19.35	19.54	19.19	18.29	17.21	16.74	16.29	15.87	15.37

其对应的逐时（0~24h）观测结果。

14.93	14.45	14.12	13.86	13.45	13.14	12.82	12.17	12.46	16.02	17.82	19.27
20.08	20.79	21.30	21.54	21.59	21.34	20.30	19.08	18.59	18.09	17.47	16.72

计算该气象站 2m 气温 0~24h 预报的平均绝对误差。
答案：

```
2.8932
```

5.3 相对绝对误差

1) 功能：基于观测和预报数据，计算观测结果和预报结果之间的相对绝对误差。
2) 方法说明：

$$T_{\text{MAE}} = \frac{1}{N}\sum_{i=1}^{n}\left|\frac{P_i - O_i}{O_i}\right|$$

式中，$P_i(i=1,\cdots,N)$ 表示预报结果；$O_i(i=1,\cdots,N)$ 表示和预报结果相对应的观测结果。相对绝对误差反映了预报结果相对于检验标准的偏离度。

3) 程序语句：

```
relative_absolute_error(f, o)
```

参数说明：

	参数名称	参数说明
输入参数	f	预报值（一维数组）
	o	真实值（一维数组）
输出参数	m	相对绝对误差计算结果（浮点数）

4) 案例：某气象站某日逐时（0~24h）2m 气温（℃）逐时预报结果。

| 11.74 | 11.20 | 10.72 | 10.39 | 9.99 | 9.73 | 9.38 | 9.17 | 9.52 | 11.58 | 13.34 | 14.90 |
| 16.30 | 17.54 | 18.61 | 19.35 | 19.54 | 19.19 | 18.29 | 17.21 | 16.74 | 16.29 | 15.87 | 15.37 |

其对应的逐时（0~24h）观测结果。

| 14.93 | 14.45 | 14.12 | 13.86 | 13.45 | 13.14 | 12.82 | 12.17 | 12.46 | 16.02 | 17.82 | 19.27 |
| 20.08 | 20.79 | 21.30 | 21.54 | 21.59 | 21.34 | 20.30 | 19.08 | 18.59 | 18.09 | 17.47 | 16.72 |

计算该气象站 2m 气温 0~24h 预报的相对绝对误差。

答案：

```
0.1787
```

5.4　均方根误差

1) 功能：基于观测和预报数据，计算观测和预报之间的均方根误差。

2) 方法说明：

$$T_{\text{RMAE}} = \sqrt{\frac{1}{N} \sum_{i=1}^{n} (P_i - O_i)^2}$$

式中，$P_i (i = 1, \cdots, N)$ 表示预报结果；$O_i (i = 1, \cdots, N)$ 表示和预报结果相对应的观测结果。均方根误差反映统计区域内误差幅度的平均状况。

3) 程序语句：

```
root_mean_squared_error(f, o)
```

参数说明：

	参数名称	参数说明
输入参数	f	预报值（一维数组）
	o	真实值（一维数组）
输出参数	m	均方根误差计算结果（浮点数）

4) 案例：某气象站某日逐时（0~24h）2m 气温（℃）预报结果。

| 11.74 | 11.20 | 10.72 | 10.39 | 9.99 | 9.73 | 9.38 | 9.17 | 9.52 | 11.58 | 13.34 | 14.90 |
| 16.30 | 17.54 | 18.61 | 19.35 | 19.54 | 19.19 | 18.29 | 17.21 | 16.74 | 16.29 | 15.87 | 15.37 |

其对应的逐时（0~24h）观测结果。

| 14.93 | 14.45 | 14.12 | 13.86 | 13.45 | 13.14 | 12.82 | 12.17 | 12.46 | 16.02 | 17.82 | 19.27 |
| 20.08 | 20.79 | 21.30 | 21.54 | 21.59 | 21.34 | 20.30 | 19.08 | 18.59 | 18.09 | 17.47 | 16.72 |

计算该气象站 2m 气温 0~24h 预报的均方根误差。

答案：

```
3.0316
```

5.5   降水预报检验常见指标

1) 功能：计算降水预报检验常见指标。

2) 方法说明：通常对降水需要进行分级检验和累积降水检验。降水的分级检验是指将降水量划分为 $k(k=5)$ 个级别 ($0.1 \sim 9.9\mathrm{mm}$、$10.0 \sim 24.9\mathrm{mm}$、$25.0 \sim 49.9\mathrm{mm}$、$50.0 \sim 99.9\mathrm{mm}$、$\geqslant 100.0\mathrm{mm}$)，分别对各级降水进行检验。累积降水检验是指将累积降水量划分为 $k(k=5)$ 个区间 ($\geqslant 0.1\mathrm{mm}$、$\geqslant 10\mathrm{mm}$、$\geqslant 25\mathrm{mm}$、$\geqslant 50\mathrm{mm}$、$\geqslant 100.0\mathrm{mm}$)，分别对每一个区间进行降水检验。针对某一个降水区间而言，如果预报和观测的降水均落在该区间，则为预报正确，以 NA_k 表示预报正确的次（站）数；如果预报落在该区间，观测不在该区间，则为空报，用 NB_k 表示空报的次（站）数；如果观测落在该区间，预报不在该区间，则为漏报，以 NC_k 表示漏报站（次）数；如果观测和预报的降水都为 0，表示无降水预报正确，以 ND_k 表示无降水预报正确的站（次）数；如果观测或预报有降水，但是降水没有落在该区间，则该站（次）降水不参与检验。

常见指标为：TS 评分、漏报率、空报率、预报偏差、ETS 评分。

具体检验标准为：

TS 评分

$$\mathrm{TS}_k = \frac{\mathrm{NA}_k}{\mathrm{NA}_k + \mathrm{NB}_k + \mathrm{NC}_k}$$

漏报率

$$\mathrm{PO}_k = \frac{\mathrm{NC}_k}{\mathrm{NA}_k + \mathrm{NC}_k}$$

空报率

$$\mathrm{FAR}_k = \frac{\mathrm{NB}_k}{\mathrm{NA}_k + \mathrm{NB}_k}$$

预报偏差

$$B_k = \frac{\mathrm{NA}_k + \mathrm{NB}_k}{\mathrm{NA}_k + \mathrm{NC}_k}$$

ETS 评分

$$\mathrm{ETS}_k = \frac{\mathrm{NA}_k - R_k}{\mathrm{NA}_k + \mathrm{NB}_k + \mathrm{NC}_k - R_k}$$

$$R_k = \frac{(\mathrm{NA}_k + \mathrm{NB}_k)(\mathrm{NA}_k + \mathrm{NC}_k)}{\mathrm{NA}_k + \mathrm{NB}_k + \mathrm{NC}_k + \mathrm{ND}_k}$$

在实际业务中，降水的预报检验通常又分为以下三种情况：① 格点降水的站点检验。以国家级地面气象观测站点（包括基本站和一般站）作为评分站点，将格点降水预报插值到站点，与站点实况对比进行降水检验。② 降水邻域检验（点对面检验）。国家级地面气象观测站点（包括基本站和一般站）作为评分站点，但是不把预报和观测空间严格的匹配，如果在预报格点周围的一个范围内出现评定的事件，则评定该格点预报正确。通常采用我国境内各气象观测站作为检验站点，划定 10km（可根据需求调整）半径范围。③ 格点对格点降水检验。将格点降水预报中的每个格点看作"站点"，实况采用格点降水估测产品（如采用国家气象科学数据中心业务化的格点 QPE 产品）与格点降水预报对应。

在程序实现时,先将预报数据和观测数据进行相应的处理,使其一一对应,然后直接利用以上检验指标,实现降水的预报检验。

3) 程序语句:

```
precipitation(f, o)
```

参数说明:

	参数名称	参数说明
输入参数	f	预报值(一维数组)
	o	观测值(一维数组)
输出参数	PrecipitationIndex	数据类,包含 TS(TS 评分)、PO(漏报率)、FAR(空报率)、B(预报偏差)、R、ETS(ETS 评分)

4) PrecipitationIndex 数据类:

属性名称	说明
TS	TS 评分
PO	漏报率
FAR	空报率
B	预报偏差
ETS	ETS 评分
R	ETS 评分中的 R 指标

5) 案例:以下给出一系列站点实测和预报的 3h 累积降水量(mm),分级检验该累积降水量的 TS 评分、漏报率、空报率、预报偏差、ETS 评分。

预报	0	0.5	67	56	16	0	32	30	16
观测	0	0.8	68	20	15	37	28	55	35
预报	12	32	0	9	30	26	24	13	7
观测	15	34	0	8	23	23	32	35	8
预报	16	42	12	21	1	32	17	50	60
观测	32	23	43	32	2	20	32	21	12

答案:

```
PrecipitationIndex(
    TS = array([0.66666667, 0.8, 0.11764706, 0.16666667, 0.2 ]),
    PO = array([0., 0., 0.8, 0.75, 0.5 ]),
    FAR = array([0.33333333, 0.2, 0.77777778, 0.66666667, 0.75 ]),
    B = array([1.5, 1.25, 0.9, 0.75, 2. ]),
    R = array([3., 3.33333333, 4.5, 4.69565217, 1.6 ]),
    ETS = array([-0.2, 0.09090909, -0.11111111, 0.06598985, -0.13043478])
)
```

第 6 章 方 差 分 析

6.1 方差和标准差

1) 功能：给定一维数组，计算该数组的标准差和方差。

2) 方法说明：某要素 x(包含 n 个资料的样本) 的标准差计算公式为

$$s_x = \sqrt{\frac{1}{N} \sum_{i=1}^{n} (x_i - \overline{x})^2}$$

式中，$\overline{x}$ 表示平均值。

在实际统计分析中，更常用的是方差，方差是标准差的平方。记为

$$s_x^2 = \frac{1}{N} \sum_{i=1}^{n} (x_i - \overline{x})^2$$

3) 程序语句：

```
np.std(a, axis=None, dtype=None, out=None, ddof=0, keepdims=False) #标准差
np.var(a, axis=None, dtype=None, out=None, ddof=0, keepdims=False) #方差
```

参数说明：

	参数名称	参数说明
输入参数	a	数组，期望进行计算的数组，若 a 不是数组则需要先转化为数组
	axis	整数或整数元组（默认为 None）（可选），计算轴，默认计算全部数据
	dtype	数据类型（可选），输出计算的数组类型。例如，输入整数，则默认类型为 float64；若输入浮点数，则输出类型也为浮点数
	out	ndarray 数组（可选），输出内容所需存放的数组变量，默认为 None，若提供则需与输出数组形状相同
	ddof	整数（可选），表示 Delta 自由度。计算中使用的除数为 N-ddof，其中 N 表示元素数。默认情况下，ddof 为零
	keepdims	布尔类型（可选），如果将其设置为 True，则输出结果将保持原有数组维度
输出参数	m	ndarray 数组，标准差方差计算结果，若 out 参数为 None，返回一个包含平均数的新数组

4) 案例：计算某气象站某日逐时（0~24h）2m 气温（℃）的标准差和方差。

13.3	10.8	9.9	9.2	8.4	7.7	7.1	6.9	6.6	6.4	6.2	6.0
8.2	11.2	13.1	15.0	17.0	19.1	20.9	20.0	19.0	18.0	16.8	15.2

答案：

```
标准差：4.9519
方差：24.5222
```

6.2 基于方差的两组样本差异性检验

1) 功能：给定两组样本，计算两组样本的变率是否存在显著性差异。

2) 方法说明：给定两组样本 x_1、x_2，样本量为 n，其方差分别为 $s^2(x_1)$、$s^2(x_2)$，则统计量为

$$F = \frac{s(x_2)^2}{s(x_1)^2}$$

分子遵从自由度为 $\gamma_1 = n - 1$，分母遵从自由度为 $\gamma_2 = n - 1$ 的 F 分布。在给定的显著水平 α 下，计算样本的统计量值为 F，则当 $F = F_\alpha(\gamma_1, \gamma_2)$ 时，这两组样本的变率差异是显著的。在实际应用中，$F_\alpha(\gamma_1, \gamma_2)$ 的值一般提前给定。

3) 程序语句：

```
two_sample_var_diff_evaluation(x_1, x_2, alpha)
```

参数说明：

	参数名称	参数说明
输入参数	x_1	一维数组
	x_2	一维数组
	alpha	数字，显著性水平
输出参数	TwoSampleVarDiff	数据类

4) 方法：

```
f_test()
```

参数说明：

参数	参数说明
返回值	布尔值，是否显著

5) 属性：

参数	参数说明
statistics	统计值
criticality	临界值，上 alpha 分位点所对应的值

6) 案例：在某种气候模型试验中，得到两组温度的气候状态，x_1 和 x_2，利用方差分析方法，检验这两组气候状态的变化是否有显著差别（达到 95% 的显著性水平）。

| x_1 | 13.3 | 12.8 | 14.7 | 15.2 | 16.4 | 18.5 | 21.9 | 23.8 | 23.7 | 21.4 | 18.0 | 16.1 |
| x_2 | 14.2 | 15.0 | 14.6 | 15.5 | 16.4 | 18.8 | 22.5 | 24.1 | 22.5 | 20.7 | 18.6 | 15.2 |

答案：

```
0.78758, True
```

6.3　协　方　差

1) 功能：计算两个变量之间的协方差。

2) 方法说明：给定两组样本 x、y，样本量为 n，其协方差为

$$\text{cov}(x, y) = \frac{1}{n} \sum_{i=1}^{n} (x_i - \overline{x})(y_i - \overline{y})$$

式中，$\overline{x}$、$\overline{y}$ 分别表示 x、y 序列的平均值。

3) 程序语句：

```
covariance(x, y)
```

参数说明：

	参数名称	参数说明
输入参数	x	一维数组，与 y 长度一致
	y	一维数组，与 x 长度一致
输出参数	m	数字，计算结果

4) 案例：计算某气象站某日逐小时（0~24h）2m 气温（x）和边界层高度（y）的协方差。

x	6.3	5.8	5.3	4.7	4.2	3.7	3.3	2.7	5.3	8.5	11.3	11.8
y	270.3	298.4	297.2	274.4	189.1	137.4	126.4	120.2	143.9	103.4	327.5	686.4
x	11.1	10.3	9.9	9.7	8.8	7.6	6.3	4.8	3.6	2.7	2.1	1.6
y	786.4	825.9	1011.5	1004.2	926.4	845.1	766.1	720.0	644.8	622.4	606.7	569.4

答案：

```
425.198
```

6.4　自 协 方 差

1) 功能：给定落后步长，计算一维数组的自协方差。

2) 方法说明：设一维时间序列 $x_t(t = 1, 2, \cdots, n)$ 是某平稳随机过程的一个现实，其对应的自协方差为

$$s(\tau) = \frac{1}{n - \tau} \sum_{t=1}^{n-\tau} (x_t - \overline{x})(x_{t+\tau} - \overline{x})$$

式中，$\overline{x}$ 表示平均值；τ 表示落后时间步长。

3) 程序语句：

```
auto_covariance(x, tau)
```

参数说明：

	参数名称	参数说明
输入参数	x	一维数组
	tau	整数，落后步长
输出参数	m	数字，计算结果

4) 案例：计算 1981 年 1 月至 2019 年 12 月 Nino3 指数[①] 落后 3 个月的自协方差。
答案：

```
0.235202
```

6.5　落后交叉协方差

1) 功能：计算两个变量不同时刻之间的落后交叉协方差。

2) 方法说明：一维时间序列 x_t 和 $y_t (t = 1, 2, \cdots, n)$ 分别为两个平稳随机过程的现实，则其对时间 $\tau(\tau > 0)$ 的落后交叉协方差为

$$s_{xy}(\tau) = \frac{1}{n - \tau} \sum_{t=1}^{n-\tau} (x_t - \overline{x})(y_{t+\tau} - \overline{y})$$

3) 程序语句：

```
delay_cross_covariance(x, y, tau)
```

参数说明：

	参数名称	参数说明
输入参数	x	一维数组
	y	一维数组
	tan	整数，落后步长
输出参数	m	整数，落后交叉协方差值

4) 案例：计算观测站某天逐小时 2m 气温 (x) 和边界层高度 (y) 落后 2h 的交叉协方差。

x	6.3	5.8	5.3	4.7	4.2	3.7	3.3	2.7	5.3	8.5	11.3	11.8
y	270.3	298.4	297.2	274.4	189.1	137.4	126.4	120.2	143.9	103.4	327.5	686.4
x	11.1	10.3	9.9	9.7	8.8	7.6	6.3	4.8	3.6	2.7	2.1	1.6
y	786.4	825.9	1011.5	1004.2	926.4	845.1	766.1	720.0	644.8	622.4	606.7	569.4

答案：

```
0.78758
```

[①] ftp://ftp.cpc.ncep.noaa.gov/wd52dg/data/indices/sstoi.indices。

6.6 峰度系数和偏度系数

1) 功能：计算一维数组的峰度系数和偏度系数。

2) 方法说明：针对一维时间序列 $x_t(t = 1, 2, \cdots, n)$，其峰度系数为

$$g_1 = \frac{m_3}{m_2^{\frac{3}{2}}}$$

偏度系数为

$$g_2 = \frac{m_4}{m_2^2}$$

式中，m_2、m_3、m_4 分别为二阶、三阶及四阶中心矩；k 阶中心矩表示为

$$m_k = \frac{1}{n} \sum_{t=1}^{n} (x_t - \overline{x})^k \quad (k = 2, 3, 4)$$

峰度系数和偏度系数通常用来描述随机变量分布密度曲线的形状特征。峰度系数描述曲线渐进于横轴时的陡度；偏度系数描述曲线峰点相对于期望值的偏离程度。

3) 程序语句：

```
sp.stats.skewtest(a, axis=0, nan_policy='propagate')  # 峰度系数
sp.stats.kurtosistest(a, axis=0, nan_policy='propagate')  # 偏度系数
```

参数说明：

	参数名称	参数说明
输入参数	a	数组
	axis	整数或 None（可选），计算轴，默认为 0，设为 None 时计算整个数组
	nan_policy	可选，nan 值处理方式，可选值包括 propagate、raise、omit，分别代表返回 nan 值、抛出错误以及忽略 nan 值
输出参数	m	峰度系数/偏度系数

4) 案例：计算 1981 年 1 月至 2019 年 12 月 Nino3 指数的偏度系数和峰度系数。

答案：

```
峰度系数：11.0533
偏度系数：6.8108
```

第 7 章 相 关 分 析

7.1 皮尔逊相关系数及显著性检验

1) 功能：计算两个连续型变量的相关系数，以及相关系数的显著性检验 t 值。

2) 方法说明：相关系数的计算公式为

$$S_{xy} = \frac{\sum\limits_{i=1}^{n}(x_i - \overline{x_i})(y_i - \overline{y_i})}{\sqrt{\sum\limits_{i=1}^{n}(x_i - \overline{x_i})^2 \sum\limits_{i=1}^{n}(y_i - \overline{y_i})^2}}$$

相关系数可以用 t 检验法来检验，统计量为

$$t = \sqrt{n-2}\frac{r}{\sqrt{1-r^2}}$$

遵从自由度为 $n-2$ 的 t 分布。在实际检验过程中，在指定显著性水平 α 下，通过显著性检验计算的 t 值应至少大于等于通过检验的相关系数临界值，即 $|t| \geqslant r_c$，r_c 表示通过检验的相关系数临界值。

3) 程序语句：

```
class Pearsonr(x, y)
```

参数说明：

参数名称	参数说明
x	数组，输入数据
y	数组，输入数据

4) 方法：

```
__call__()
```

参数说明：

参数名称	参数说明
m	皮尔逊相关系数

```
t_test(alpha)
```

参数说明：

	参数名称	参数说明
输入参数	alpha	显著性水平
输出参数	布尔类型	是否通过显著性水平检测

5) 属性：

属性名称	说明
statistics	统计系数

6) 案例：计算观测站某天逐小时 2m 气温 (x) 和边界层高度 (y) 的相关系数，并判断其是否达到 95% 的显著性水平。

x	6.3	5.8	5.3	4.7	4.2	3.7	3.3	2.7	5.3	8.5	11.3	11.8
y	270.3	298.4	297.2	274.4	189.1	137.4	126.4	120.2	143.9	103.4	327.5	686.4
x	11.1	10.3	9.9	9.7	8.8	7.6	6.3	4.8	3.6	2.7	2.1	1.6
y	786.4	825.9	1011.5	1004.2	926.4	845.1	766.1	720.0	644.8	622.4	606.7	569.4

答案：

```
0.450, True
```

7.2   斯皮尔曼相关系数及显著性检验

1) 功能：计算两个离散型变量的相关系数及显著性检验 t 值。

2) 方法说明：斯皮尔曼 (Spearman) 相关系数又称秩相关系数，其描述的是两个离散型变量之间的相关程度。将两个变量 (样本数为 n) 分为 k 级时，其相关系数为

$$r = 1 - \frac{6 \sum d_i^2}{n(n^2 - 1)}$$

式中，d_i 为第 i 个样本变量的级别数之差。

检验时使用下面的统计量：

$$t = \frac{r\sqrt{n-2}}{\sqrt{1-r^2}}$$

遵从自由度为 $n-2$ 的 t 分布。在实际检验过程中，在指定显著性水平 α 下，通过显著性检验计算的 t 值应至少大于等于通过检验的相关系数临界值，即 $|t| \geqslant r_c$。

3) 程序语句：

```
class Spearman(x, y)
```

参数说明：

参数名称	参数说明
x	数组，输入数据
y	数组，输入数据

4) 方法：

```
__call__()
```

参数说明：

参数名称	参数说明
m	斯皮尔曼相关系数

```
t_test(alpha)
```

参数说明：

	参数名称	参数说明
输入参数	alpha	显著性水平
输出参数	布尔类型	是否通过显著性水平检测

5) 属性：

属性名称	说明
statistics	统计系数

6) 案例：将某地连续两年的降水量按强度分为 5 级，$k = 1, 2, \cdots, 5$ 分别对应降水量为 $0.1 \sim 9.9$mm、$10.0 \sim 24.9$mm、$25.0 \sim 49.9$mm、$50.0 \sim 99.9$mm、$\geqslant 100.0$mm；Nino3 指数也分为 5 级，对应如下表。

降水量/mm	Nino3 指数
$0.1 \sim 9.9$	> 10
$10.0 \sim 24.9$	$1.0 \geqslant \text{Nino3} \geqslant 0.2$
$25.0 \sim 49.9$	$0.2 > \text{Nino3} > -0.2$
$50.0 \sim 99.9$	$-0.2 \geqslant \text{Nino3} \geqslant -1.0$
$\geqslant 100.0$	< -1.0

某地降水量和 Nino3 指数的分级情况如下表，降水量和 Nino3 指数的 Spearman 相关系数，并判断其是否通过 95% 的信度检验。

Nino3	1	3	2	3	4	3	5	3	2	3	2	1
降水量	3	2	3	2	1	2	3	4	2	1	3	2
Nino3	3	4	4	5	2	3	1	3	4	2	1	4
降水量	3	4	2	4	4	2	3	1	4	5	5	4

答案：

```
-0.0593, False
```

7.3　三变量偏相关系数及显著性检验

1) 功能：计算三个变量 (x_1, x_2, x_3) 中，x_1 和 x_2 之间的偏相关系数。

2) 方法说明：在三个变量 (x_1, x_2, x_3) 中，在排除 x_3 通过 x_2 影响 x_1 的情况下，x_1 和 x_2 之间的相关系数。

$$r_{123} = \frac{r_{12} - r_{13}r_{23}}{\sqrt{(1 - r_{13}{}^2)(1 - r_{23}{}^2)}}$$

式中，r_{ij} 表示 x_i 和 x_j 之间的相关系数。

检验时使用下面的统计量：

$$t = \frac{r\sqrt{n-5}}{\sqrt{1-r^2}}$$

遵从自由度为 $n-5$ 的 t 分布。在实际检验过程中，在指定显著性水平 α 下，通过显著性检验计算的 t 值应至少大于等于通过检验的相关系数临界值，即 $|t| \geqslant r_c$。

3) 程序语句：

```
class ThreeVariable(x_1, x_2, x_3)
```

参数说明：

参数名称	参数说明
x_1	一维数组，第一个变量
x_2	一维数组，第二个变量
x_3	一维数组，第三个变量

4) 方法：

计算三变量偏相关系数

```
__call__()
```

参数说明：

参数名称	参数说明
ThreeVariable	类自身

进行 T 检验

```
t_test(alpha)
```

参数说明：

	参数名称	参数说明
输入参数	alpha	数字，显著性水平
输出参数	m	布尔值，代表是否通过对应显著性水平下的检验

5) 属性：

属性名称	说明
statistics	统计系数

6) 案例：下表列出了观测站某天逐小时边界层高度 x_1（m）、2m 气温 x_2（℃）、风速 x_3（m/s）的值。现计算在排除风速通过气温影响边界层高度的情况下，边界层高度和气温之间的相关系数，并判定其是否通过 95% 的信度检验。

x_1	270.3	298.4	297.2	274.4	189.1	137.4	126.4	120.2	143.9	103.4	327.5	686.4
x_2	6.3	5.8	5.3	4.7	4.2	3.7	3.3	2.7	5.3	8.5	11.3	11.8
x_3	4.8	5.2	5.1	4.8	4.7	4.6	4.7	4.7	4.6	3.4	2.9	5.1
x_1	786.4	825.9	1011.5	1004.2	926.4	845.1	766.1	720.0	644.8	622.4	606.7	569.4
x_2	11.1	10.3	9.9	9.7	8.8	7.6	6.3	4.8	3.6	2.7	2.1	1.6
x_3	7.3	8.7	9.1	10.0	10.8	11.1	10.8	9.7	8.1	7.3	6.8	6.4

答案:

```
0.62411, False
```

7.4　自相关系数及显著性检验

1) 功能: 给定落后步长, 计算一维数组的超前滞后相关系数及显著性检验。

2) 方法说明: 设一维时间序列 $x_t(t=1,2,\cdots,n)$ 是某平稳随机过程的一个现实, 其对应的自相关系数为

$$r(\tau)=\frac{1}{n-\tau}\sum_{t=1}^{n-\tau}\left(\frac{x_t-\overline{x}}{s}\right)\left(\frac{x_{t+\tau}-\overline{x}}{s}\right)$$

式中, s 表示标准差; $\overline{x}$ 表示平均值; τ 表示落后时间步长。当 τ 为正整数时, 称为滞后相关系数。自相关系数通常和自协方差一起, 共同表示某要素在不同时刻之间关系密切程度。

自相关系数可以用 t 检验法来检验, 统计量为

$$t=\sqrt{n-2-|\tau|}\frac{r}{\sqrt{1-r^2}}$$

遵从自由度为 $n-2-|\tau|$ 的 t 分布。在实际检验过程中, 在指定显著性水平 α 下, 通过显著性检验计算的 t 值应至少大于等于通过检验的相关系数临界值, 即 $|t|\geqslant r_c$。

3) 程序语句:

```
class DelayAuto(a)
```

参数说明:

参数名称	参数说明
a	一维数组

4) 方法:
计算自相关系数

```
__call__(tau)
```

参数说明:

	参数名称	参数说明
输入参数	tau	整数, 落后步长
输出参数	DelayAuto	类自身

进行 T 检验

```
t_test(alpha)
```

参数说明:

	参数名称	参数说明
输入参数	alpha	数字,显著性水平
输出参数	m	布尔值,代表是否通过对应显著性水平下的检验

5) 属性:

属性名称	说明
statistics	统计系数

6) 案例:计算 1981 年 1 月至 2019 年 12 月 Nino3 指数滞后 1 年的相关系数,并检验其是否通过 95% 的信度检验。

答案:

```
0.89295, True
```

7.5　落后交叉相关系数及显著性检验

1) 功能:计算两个变量不同时刻之间的落后交叉相关系数。

2) 方法说明:设一维时间序列 x_t 和 $y_t(t=1,2,\cdots,n)$ 分别为两个平稳随机过程的现实,其对时间 $(\tau>0)$ 的落后交叉相关系数为

$$r_{xy}(\tau)=\frac{1}{n-\tau}\sum_{t=1}^{n-\tau}\left(\frac{x_t-\overline{x}}{s_x}\right)\left(\frac{y_{t+\tau}-\overline{y}}{s_y}\right)$$

式中,s_x、s_y 分别表示 x 和 y 时间序列的标准差;$\overline{x}$、$\overline{y}$ 分别表示 x 和 y 时间序列的平均值。

落后交叉相关系数可以用 t 检验法来检验,统计量为

$$t=\sqrt{n-2-|\tau|}\frac{r}{\sqrt{1-r^2}}$$

遵从自由度为 $n-2-|\tau|$ 的 t 分布。在实际检验过程中,在指定显著性水平 α 下,通过显著性检验计算的 t 值应至少大于等于通过检验的相关系数临界值,即 $|t|\geqslant r_c$。

落后交叉相关系数通常和落后交叉协方差一起,用来衡量两个变量不同时刻之间的关系密切程度。

3) 程序语句:

```
class DelayCross(x, y)
```

参数说明:

参数名称	参数说明
x	一维数组,与 y 长度一致
y	一维数组,与 x 长度一致

4) 方法:
计算自相关系数

```
__call__()
```

参数说明:

参数名称	参数说明
ThreeVariable	类自身

进行 T 检验

```
t_test(alpha)
```

参数说明:

	参数名称	参数说明
输入参数	alpha	数字,显著性水平
输出参数	m	布尔值,代表是否通过对应显著性水平下的检验

5) 属性:

属性名称	说明
statistics	统计系数

6) 案例:计算观测站某天逐小时 2m 气温 (x) 和边界层高度 (y) 落后 2h 的交叉相关系数,并判定其是否通过 95% 的信度检验。

x	6.3	5.8	5.3	4.7	4.2	3.7	3.3	2.7	5.3	8.5	11.3	11.8
y	270.3	298.4	297.2	274.4	189.1	137.4	126.4	120.2	143.9	103.4	327.5	686.4
x	11.1	10.3	9.9	9.7	8.8	7.6	6.3	4.8	3.6	2.7	2.1	1.6
y	786.4	825.9	1011.5	1004.2	926.4	845.1	766.1	720.0	644.8	622.4	606.7	569.4

答案:

```
0.7875, True
```

7.6　气 候 矩 平

1) 功能:计算两个变量场之间的气候距平相关系数。该相关系数通常用于评估数值模式的性能。

2) 方法说明:气候距平相关系数为

$$R_{\text{ANO}} = \frac{\sum\limits_{i=1}^{N} (F_i - C_i - M_{fc})(O_i - C_i - M_{oc})}{\left[\sum\limits_{i=1}^{N} (F_i - C_i - M_{fc})^2 \sum\limits_{i=1}^{N} (O_i - C_i - M_{oc})^2 \right]^{\frac{1}{2}}}$$

$$M_{fc} = \frac{1}{N} \sum_{i=1}^{n} (F_i - C_i), \quad M_{oc} = \frac{1}{N} \sum_{i=1}^{n} (O_i - C_i)$$

式中，F_i 表示预报值；O_i 表示实况值；C_i 表示气候平均值；N 表示为检验预报时效内的时次数或某个区域内的站点数。

3) 程序语句:

```
clime_depature(clime, forecast, observation)
```

参数说明:

	参数名称	参数说明
输入参数	clime	一维或二维数组，气候平均值
	forecast	一维或二维数组，预报值
	observation	一维或二维数组，观测值
输出参数	m	气候距平相关系数

4) 案例: 已知全球大气数值预报模型某次 48h 预报的 2m 高温度场 (模式水平分辨率为 360×721)，以及其对应时刻的再分析场和气候平均值，计算该次预报的气候距平相关系数。

答案:

```
0.9447524264304161
```

第 8 章 趋势分析

气象要素的分析有时间分析、空间分析，本章将从时间变化趋势着手，为大家讲解气象要素的时间变化趋势分析。随时间变化的一系列气象数据，可以构成一个以时间为自变量的序列。气象数据往往是通过不同观测时次获得的，因此是离散的随机序列，常见的有温度随月变化、降水随季节变化。

任何一个气象要素的时间序列 x_t 都可以分解为时间趋势分量、固有周期变化、时期循环变化分量和不规则分量。通过统计处理可以将时间趋势分量显现出来。

8.1　线性倾向

1) 方法说明：通过对以时间为序列的气象要素 $x_i(i = 1, 2, \cdots, n)$ 进行分解，得到以时间 t_i 为因变量的一元线性回归方程。

$$x_i = at_i + b \quad i = 1, 2, \cdots, n$$

该方程表示用一条直线来近似表达气象要素 x_i 与时间 t_i 的关系，其中，a 为回归常数，b 为回归系数，表示 x_i 的倾向趋势，若回归系数为正，表示该气象要素随时间的增加呈上升趋势，反之则呈下降趋势，利用最小二乘法进行估计：

$$a = \frac{\displaystyle\sum_{i=1}^{n} x_i t_i - \frac{1}{n}\left(\sum_{i=1}^{n} x_i\right)\left(\sum_{i=1}^{n} t_i\right)}{\displaystyle\sum_{i=1}^{n} t_i^2 - \frac{1}{n}\left(\sum_{i=1}^{n} t_i\right)}$$

$$b = \bar{x} - a\bar{t}$$

式中，$\bar{x}$、$\bar{t}$ 表示序列平均数。利用相关系数求取原理，可以判断气象要素 x_i 与时间 t_i 的线性相关程度：

$$r = \sqrt{\frac{\displaystyle\sum_{i=1}^{n} t_i^2 - \frac{1}{n}\left(\sum_{i=1}^{n} t_i\right)^2}{\displaystyle\sum_{i=1}^{n} x_i^2 - \frac{1}{n}\left(\sum_{i=1}^{n} x_i\right)^2}}$$

2) 程序语句：

```
class LinearRegression(x, y)
```

参数说明：

参数名称	参数说明
x	数组，自变量数组，其中每行代表一个样本，每列代表一个特征
y	数组，因变量数组

3) 方法：

拟合，返回拟合后的 LinearRegressionParams 数据类。

```
fit()
```

预测新的值。

```
predict(x)
```

参数说明：

	参数名称	参数说明
输入参数	x	数组，预测数组
输出参数	m	数组，预测值

显著性检验。

```
f_test(alpha)
```

	参数名称	参数说明
输入参数	alpha	浮点数，显著性水平
输出参数	m	布尔类型，是否通过显著性水平检测

4) 案例：青藏高原夏季大气热源。

年份	原始数据								
1981 ~ 1990	121.5	106.6	109.1	115.3	110.9	99.8	117.2	140.2	112.0	102.2
1991 ~ 2000	122.0	101.1	109.2	96.2	102.3	95.9	86.1	127.3	112.3	82.2
2001 ~ 2010	70.1	68.5	65.1	91.7	104.7	91.4	129.9	131.7	106.6	123.1

趋势分析：$y = -0.4615x + 111.76$，$R^2 = 0.0478$。

答案：

```
r^2:0.047894
系数：-0.46135
截距：111.763011
```

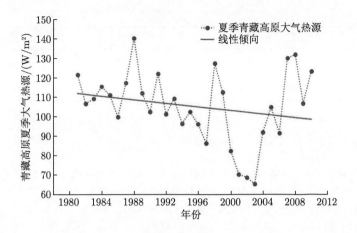

8.2　滑　动　平　均

1) 功能：滑动平均法又称移动平均法，起着低通滤波器的作用。随时间变化的气象要素 $y(t)$ 由确定性成分和随机性成分组成，前者为气象要素发展的趋势，后者为随机误差或噪声，通过顺序逐时增减新旧数据求算移动平均，以此来滤掉频繁起伏的随机误差。滑动平均法的最主要特点在于简捷性，算法简单，计算量小，但又存在一定主观性，其应用效果很大程度取决于滑动参数的选定。可以证明，根据具体问题的要求及样本量大小确定滑动参数 k 值，序列中小于滑动参数长度的周期被大大削弱。

2) 方法说明：

步骤一，根据具体问题的要求及样本量大小确定滑动参数 k，保证选取合理的滑动长度。

步骤二，根据已选定的滑动参数 k，构建新的气象要素时间序列。

$$\overline{x}_j = \frac{1}{k} \sum_{i=1}^{k} x_{i+j-1} \quad j = 1, 2, \cdots, n-k+1$$

3) 程序语句：

```
moving_average(a, step, mode = 'valid')
```

	参数名称	参数说明
输入参数	x	数组
	step	整数，滑动平均窗口
	mode	字符串，可选，可选值为'full'、'valid'、'same'
输出参数	output	返回数组

4) 案例：利用 1981~2010 年青藏高原夏季大气热源计算其 11 年滑动平均，滑动平均后得到 $30 - 11 + 1 = 20$ 个平滑值。

年份	原始数据									
1981 ∼ 1990	121.5	106.6	109.1	115.3	110.9	99.8	117.2	140.2	112.0	102.2
1991 ∼ 2000	122.0	101.1	109.2	96.2	102.3	95.9	86.1	127.3	112.3	82.2
2001 ∼ 2010	70.1	68.5	65.1	91.7	104.7	91.4	129.9	131.7	106.6	123.1

答案:

```
standard = np.array([
        114.25454545, 112.4, 112.63636364, 111.46363636, 110.28181818,
        108.91818182, 107.67272727, 108.59090909, 106.05454545, 103.34545455,
        100.42727273, 95.56363636, 92.29090909, 90.7, 91.47272727,
        90.48181818, 93.57272727, 97.71818182, 95.83636364, 96.81818182
])
```

8.3 累 积 距 平

1) 功能:累积距平是气象要素值与多年平均值的偏差累加,反映气象要素的变化趋势,持续增加或持续减少或比较平稳变化。

2) 方法说明:

步骤一,有时间序列为 n 的气象要素场 x_n,求出气象要素时间序列平均值 $\overline{x}$。

步骤二,对某一时刻 t 构建累积距平序列。

$$\widetilde{x}_t = \sum_{k=1}^{t} (x_k - \overline{x})$$

3) 程序语句:

```
cum_depature(a)
```

参数说明:

	参数名称	参数说明
输入参数	a	一维数组，输入的气象要素
输出参数	m	气象要素累计距平

4) 案例：对 1981~2010 年青藏高原夏季大气热源进行累积距平计算。

年份	原始数据									
1981 ~ 1990	121.5	106.6	109.1	115.3	110.9	99.8	117.2	140.2	112.0	102.2
1991 ~ 2000	122.0	101.1	109.2	96.2	102.3	95.9	86.1	127.3	112.3	82.2
2001 ~ 2010	70.1	68.5	65.1	91.7	104.7	91.4	129.9	131.7	106.6	123.1

答案：

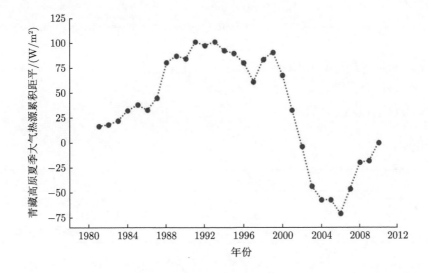

8.4　五点、七点和九点二次平滑

1) 功能：设气象要素 x 是随时间 t 变化的函数，即 $x = x(t)$，现通过一个二次多项式 $x(t) = a_0 + a_1 t + a_2 t^2$ 逼近气象要素 x，这种多项式逼近也相当于一种低通滤波的功能，相较于滑动平均而言，不会削弱过多波幅，以此展示变化趋势。

2) 方法说明：

步骤一，根据实际问题所需，确定滑动次数，根据最小二乘法原理分别确定五点、七点和九点二次平滑公式，对气象要素进行平滑计算，得到 $n - k + 1$ 个平滑值。

五点为

$$\overline{x}_j = \frac{1}{35}(-3x_{j-2} + 12x_{j-1} + 17x_j + 12x_{j+1} - 3x_{j+2}) \quad j = 3, 4, \cdots, n - \frac{k-1}{2} + 1$$

七点为

$$\overline{x}_j = \frac{1}{21}(-2x_{j-3} + 3x_{j-2} + 6x_{j-1} + 7x_j + 6x_{j+1} + 3x_{j+2} - 2x_{j+3}) \quad j = 4, 5, \cdots, n - \frac{k-1}{2} + 1$$

九点为

$$\overline{x}_j = \frac{1}{231}(-21x_{j-4} + 14x_{j-3} + 39x_{j-2} + 54x_{j-1} + 59x_j + 54x_{j+1} + 39x_{j+2}$$
$$+ 14x_{j+3} - 21x_{j+4}) \quad j = 5, 6, \cdots, n - \frac{k-1}{2} + 1$$

步骤二，根据五点、七点和九点滑动次数，分别利用相邻的二点、三点和四点平滑值确定端点值，以确保平滑后数据长度不变。首端端点滑动公式为

$$\overline{x}_j = \frac{1}{j}\sum_{i=1}^{j} x_i \quad j = 1, 2, \cdots, \frac{k-1}{2}$$

末端端点滑动公式为

$$\overline{x}_j = \frac{1}{n-j+1}\sum_{i=j}^{n} x_i \quad j = n - \frac{k-1}{2}, n - \frac{k-1}{2} + 1, \cdots, n$$

式中，k 表示滑动次数；n 表示样本数量。

3) 程序说明

```
smooth(a, condition)
```

参数说明：

	参数名称	参数说明
输入参数	a	一维数组，输入的气象要素
	condition	滑动次数 (必选，5，7，9)
输出参数	m	ndarray 数组，平滑后数组

4) 案例：

对青藏高原 1981~2010 年夏季高原大气热源分别进行五点、七点和九点二次平滑，结果如图。

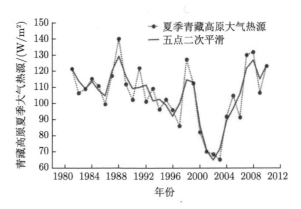

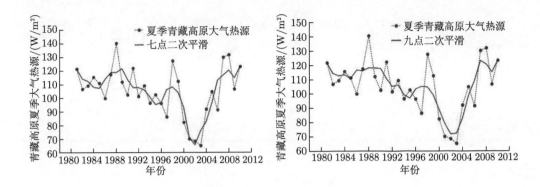

8.5 五点三次平滑

1) 功能：五点三次平滑与二次平滑一样，利用多项式方法进行平滑，它能够有效去除信号中的高频随机噪声，可以很好反映序列相对短时期的变化趋势。

2) 方法说明：对连续的要素 x_n，用三次多项式进行拟合：

$$\hat{x}(t) = a_0 + a_1x + a_2x^2 + a_3x^3$$

步骤一，根据最小二乘法确定系数，以下两个公式分别计算序列起始端两点平滑值。

$$\overline{x}_1 = \frac{1}{70}(69x_1 + 4x_2 - 6x_3 + 4x_4 - x_5)$$

$$\overline{x}_2 = \frac{1}{35}(2x_1 + 27x_2 + 12x_3 - 8x_4 - x_5)$$

步骤二，利用公式计算最后两点平滑值。

$$\overline{x}_{n-1} = \frac{1}{35}(2x_{n-4} - 8x_{n-3} + 12x_{n-2} + 27x_{n-1} + 2x_n)$$

$$\overline{x}_n = \frac{1}{70}(-x_{n-4} + 4x_{n-3} - 6x_{n-2} + 4x_{n-1} + 69x_n)$$

步骤三，其余各点利用公式计算。

$$\overline{x}_j = \frac{1}{35}(-3x_{j-2} + 12x_{j-1} + 17x_j + 12x_{j+1} - 3x_{j+2})$$

3) 程序语句：

```
five_point_cubic_smooth(a)
```

参数说明：

	参数名称	参数说明
输入参数	a	一维数组，输入的气象要素
输出参数	m	ndarray 数组，平滑后数组

4) 案例: 对青藏高原 1981~2010 年夏季高原大气热源进行五点三次平滑, 并将结果与原始数据绘制到同一张图上。

年份	k_i									
1981 ~ 1990	6	13	12	7	9	15	6	0	6	10
1991 ~ 2000	4	9	5	8	7	7	9	2	3	7
2001 ~ 2010	7	7	7	5	4	4	1	0	1	

答案:

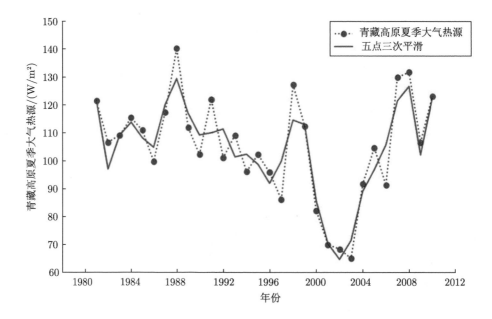

8.6 显著性检验

1) 功能: 对于气象要素序列 $x(t)$, 在判断其趋势变化时, 往往很难通过变化趋势曲线直观的判断, 这时可以借助 Kendall-τ 显著性检验方法。

2) 方法说明:

步骤一, 设气象要素序列 $x(t), t = 1, 2, \cdots, n$ 无变化趋势, 则统计量为

$$U = \frac{\tau}{[\mathrm{Var}(\tau)]^{\frac{1}{2}}}$$

其中

$$\tau = \frac{4\sum_{i=1}^{n-1} K_i}{n(n-1)} - 1$$

$$\mathrm{Var}(\tau) = \frac{4n + 10}{9n(n-1)}$$

式中，K_i 为第 i 时刻以后 $x(j)(j=i+1,\cdots,n)$ 大于 $x(i)$ 的个数。由此可知，τ 在 $-1\sim1$ 变化。

步骤二，给定显著性水平 α，当 n 增加时，U 趋于标准化正态分布。根据 α 可得 $U_{\frac{\alpha}{2}}$，当 $|U|>U_{\frac{\alpha}{2}}$ 时，序列趋势显著。

3) 程序语句：

```
sy.stats.kendalltau(
    x, y, initial_lexsort = None, nan_policy = 'propagate', method = 'auto',
    variant = 'b'
)
```

参数说明：

	参数名称	参数说明
输入参数	$x\ y$	一维数组相同形状的一维数组
	nan_policy	可选，可选值为 'propagate'、'raise'、'omit'，对 nan 值的处理，分别表示返回 nan、抛出错误、忽略 nan 值计算
	method	计算方法，默认为 auto(可选 auto, asymptotic, exact)
	variant	可选，定义 Kendall-τ 显著性检验返回类型，默认为 b
输出参数	correlation, pvalue	返回值，包含系数与 pvalue 的元组

4) 案例：对青藏高原 1981~2010 年夏季高原大气热源进行变化趋势显著性判断，得到如下 k_i 结果。

年份	k_i									
1981 ~ 1990	6	13	12	7	9	15	6	0	6	10
1991 ~ 2000	4	9	5	8	7	7	9	2	3	7
2001 ~ 2010	7	7	7	5	4	4	1	0	1	

由 $n=30$，可得 $\tau_{0.05}=-0.165$，$|U|=1.28<U_{0.025}=1.96$，因此该变化趋势是不显著的。

第 9 章 突 变 检 测

9.1 滑动 t 检验

1) 功能：滑动 t 检验是通过考察两组样本平均值的差异是否显著来检验突变的一种统计方法。对某一段时间序列数据，选取其中两段子序列，如果它们的均值差异超过了一定的显著性水平，则可以认为两均值发生突变。

2) 方法说明：

步骤一，设置某一时刻为基准点，前后子序列长度分别为 n_1、n_2，一般长度相同，两段子序列平均值分别为 $\overline{X}_1$ 和 $\overline{X}_2$，方差分别为 $s_1{}^2$ 和 $s_2{}^2$。

步骤二，计算该时刻统计量：

$$t = \frac{\overline{X}_1 - \overline{X}_2}{s\sqrt{\dfrac{1}{n_1} + \dfrac{1}{n_2}}}$$

其中：

$$s = \sqrt{\frac{n_1 s_1{}^2 + n_2 s_2{}^2}{n_1 + n_2 - 2}}$$

则 t 遵从自由度为 $n_1 + n_2 - 2$ 的 t 分布。

步骤三，采用滑动的方法连续设置基准点，依次计算统计量，可得到滑动的统计量数据序列 $t_i[i = 1, 2, \cdots, n - (n_1 + n_2) + 1]$。

步骤四，检验显著性水平，可查 t 分布表得到临近值 t_α，若 $|t_i| < t_\alpha$，则可认为基点前后的子序列均值无显著性差异，否则，在基点时刻产生突变。

3) 程序语句：

```
class SlideT(a, n_1, n_2)
```

参数说明：

参数名称	参数说明
a	一维数组
n_1	整数左子序列长度
n_2	整数右子序列长度

4) 方法：

突变检测。

```
testing()
t_test(alpha: float)
```

参数说明：

	参数名称	参数说明
输入参数	alpha	浮点数，显著性水平
输出参数	ndarray 数组	数组满足显著性的索引

5) 属性：

属性名称	说明
statistics	统计量

6) 案例：应用滑动 t 检验检测 1951~2011 年夏季西太平洋副热带高压强度指数的突变。这里 $n = 52$，两子序列长度 $n_1 = n_2 = 5$。给定显著性水平 $\alpha = 0.05$，t 分布自由度 $n_1 + n_2 - 2 = 8$，查表可得 $t_{0.01} = \pm 2.31$。

答案：1978 年。

9.2 克拉默法（Cramer）

1) 功能：从总样本里摘出一段子序列，比较这段子序列的平均值与总序列的平均值的显著差异，即可检测突变。

2) 方法说明：

步骤一，有样本为 n 的总序列，样本为 n_1 的子序列，总序列 x 和子序列 x_1 的均值分别为 $\overline{x}$ 和 $\overline{x_1}$，总序列方差为 s。

步骤二，计算统计量。

$$t = \sqrt{\frac{n_1(n-2)}{n - n_1(1 + \tau)}} \cdot \tau$$

其中：

$$\tau = \frac{\overline{x_1} - \overline{x}}{s}$$

遵从自由度 $n - 2$ 的 t 分布。

步骤三，以滑动的方式计算 t 统计量，得到统计量序列 $t_i (i = 1, 2, \cdots, n - n_1 + 1)$。

步骤四，检验显著性水平，可查 t 分布表得到临近值 t_α，若 $|t_i| < t_\alpha$，认为子序列均值与总体序列均值之间无显著差异，否则，在 t_i 时刻产生突变。

3) 程序语句：

```
class Cramer(a: array_like, n: int)
```

参数说明:

参数名称	参数说明
a	一维数组
n	整数,子序列长度

4) 方法:

突变检测。

```
testing(),
t_test(alpha)
```

参数说明:

	参数名称	参数说明
输入参数	alpha	浮点数,显著性水平
输出参数	ndarray 数组	数组满足显著性的索引

5) 属性:

属性名称	说明
statistics	统计量

6) 案例:继续检测 1955~2006 年夏季西太平洋副热带高压强度指数的突变,这里采用克拉默法。两子序列长度 $n_1 = n_2 = 5$,查表可得 $t_{0.05} = \pm 2.31$;当 $t_i \geqslant t_\alpha$ 时,则在 t_i 对应的时刻发生了突变。

答案:1982 年。

9.3 山本法(Yamamoto)

1) 功能:根据信息和噪声两部分来讨论突变问题。

2) 方法说明:

步骤一,对时间序列 x,人为设置某一时刻为基准点,确定基准点前后两段子序列长度 n_1、n_2,一般长度相同,定义该点信噪比为

$$R_{\mathrm{SN}} = \frac{|\overline{x_1} - \overline{x_2}|}{s_1 + s_2}$$

式中,$\overline{x_1}$ 和 $\overline{x_2}$ 分别表示 n_1 和 n_2 两段子序列的均值;s_1 和 s_2 分别表示标准差,即信号为子序列的平均值差,噪声视为标准差表示的变率。

步骤二,连续设置基准点,以滑动方式计算信噪比序列 $R_{\mathrm{SN}_i}(i = 1, 2, \cdots, n - 2 \times n_1 - 1)$

步骤三,$R_{\mathrm{SN}_i} > 1.0$,则认为发生了突变,$R_{\mathrm{SN}_i} > 2.0$,则认为发生了强烈突变。从形式上看,它比 t 检验更简单明了,但它也存在与 t 检验相同的缺点,由于人为设置基准点,

子序列长度的不同可能引起突变点的漂移。

3) 程序语句:

```
class Yamamoto(a, n_1, n_2)
```

参数说明:

参数名称	参数说明
a	一维数组
n_1	整数，左子序列长度
n_2	整数，右子序列长度

4) 方法:
突变检测。

```
testing()
```

5) 属性:

属性名称	属性说明
statistics	统计量
mutation	数组中发生突变的位置索引
strong_mutation	数组中发生强烈突变的位置索引

6) 案例: 用山本法检测 1955~2006 年夏季西太平洋副热带高压强度指数的突变。若 $R_{SN} > 1.0$，则认为发生了突变，若 $R_{SN} > 2.0$，则认为发生了强烈突变。

答案: 1978 年。

9.4　曼-肯德尔法 (Mann-Kendall)

1) 功能: 可确定出突变发生的时间，并指出突变区域。属于非参数方法，也叫作无分布检验，适用于类型变量和顺序变量。

2) 方法说明:

步骤一，对于 n 个样本的时间序列 x，计算顺序时间秩序列 s_k。

$$s_k = \sum_1^k r_i \quad (2 \leqslant k \leqslant n)$$

其中:

$$r_i = \begin{cases} +1, & x_i > x_j \\ 0, & x_i \leqslant x_j \end{cases} \quad (j = 1, 2, \cdots, i)$$

即秩序列是第 i 时刻数值大于 j 时刻数值个数的累计数。

步骤二, s_k 的均值以及方差近似为

$$E[s_k] = \frac{k(k-1)}{4}$$

$$\text{var}[s_k] = \frac{k(k-1)(2k+5)}{72} \quad (2 \leqslant k \leqslant n)$$

步骤三, 在时间序列随机独立的假设下, 计算统计量。

$$\text{UF}_k = \frac{s_k - E[s_k]}{\sqrt{\text{var}[s_k]}} \quad (k = 1, 2, \cdots, n)$$

步骤四, 按时间顺序逆序排列 $x_n, x_{n-1}, \cdots, x_1$, 再重复上述计算过程, 得到另一组 UF_k, 同时使

$$\text{UB}_k = -\text{UF}_k \quad (k = n, n-1, \cdots, 1), \ UB_1 = 0$$

步骤五, 给定显著性水平, 绘制图像。

通过分析统计序列 UF_k 和 UB_k 可以进一步分析序列 X 的趋势变化: 若 UF_k 大于 0, 则表明序列呈上升趋势, 小于 0 则表明序列呈下降趋势; 给定显著性水平 α, 查正态分布表给出临界值, 若 $|\text{UF}_i| > U_\alpha$, 表明上升或下降趋势显著; 若原序列中存在一个剧烈变化, 统计序列 UF_k 和 UB_k 则出现交点, 且交点在 U_α 临界值之间, 则对应的时刻视为突变的时刻, 超过临界值的区域为出现突变的时间区域。

3) 语句:

```
class MannKendall(a)
```

参数说明:

参数名称	参数说明
a	一维数组

4) 方法:
突变检测。

```
testing()
```

5) 属性:

属性名称	属性说明
uf	返回 UF 值
ub	返回 UB 值
intersection	返回交叉点位置索引

6) 案例: 用 Mann-Kendall 法检测高压强度指数。给定显著性水平 $\alpha = 0.05$, 即 $U_{0.05} = \pm 1.96$。

答案: 1977 年。

9.5 佩蒂特法 (Pettitt)

1) 功能：这是一种与曼–肯德尔法相似的非参数检验方法。

2) 方法说明：

步骤一，对于 n 个样本的时间序列 x，计算顺序时间秩序列 s_k：

$$s_k = \sum_1^k r_i \quad (2 \leqslant k \leqslant n)$$

其中：

$$r_i = \begin{cases} +1, & x_i > x_j \\ 0, & x_i = x_j \quad (j = 1, 2, \cdots, i) \\ -1, & x_i < x_j \end{cases}$$

即秩序列是第 i 时刻数值大于或小于 j 时刻数值个数的累计数。

步骤二，若 i 时刻满足 $k_i = \max |s_k| (k = 2, 3, \cdots, n)$，则 i 时刻为突变点。

步骤三，计算统计量。

$$P = 2\exp[-6k_i^2(n^3 + n^2)]$$

若 $P \leqslant 0.5$，则突变点显著。

3) 程序语句：

```
class Pettitt(a)
```

参数说明：

参数名称	参数说明
a	一维数组

4) 方法：

突变检测。

```
testing()
```

5) 属性：

属性名称	属性说明
mutation	数组中发生突变的位置索引
siginificant	布尔类型，突变显著性

6) 案例：用佩蒂特法检测强度指数的突变，n 为 52，若计算出突变点，且此时 $P_i \leqslant 0.5$，则 i 时刻作为突变点在统计意义上是显著的。

答案：2006 年。

第 10 章 周 期 分 析

10.1 功 率 谱

1) 功能：将时间样本的总能量分解到不同的频率上，再根据不同频率波的方差贡献得到主要的频率，用于提取气候序列中的显著周期。

2) 方法说明：对于一个样本量为 n 的离散时间序列 $x_1, x_2, \cdots, x_n$ 可以使用下面步骤进行功率谱估计。

步骤一，计算最大滞后时间长度为 m 的自相关系数 $r(j)(j = 0, 1, 2, \cdots, m)$，即第 j 个时间间隔上的相关系数，一般 m 取 $\dfrac{n}{10} \sim \dfrac{n}{3}$。

$$r(j) = \frac{1}{n-j} \sum_{t=1}^{n-j} \left(\frac{x_t - \overline{x}}{s} \right) \left(\frac{x_{t+j} - \overline{x}}{s} \right)$$

式中，$\overline{x}$ 为均值；s 为标准差。

步骤二，考虑端点特性，不同波数 k 的粗谱估计值，分别对应 $k = 0, k = 1, \cdots, k = m-1, k = m$。

$$\begin{cases} \widehat{s}_0 = \dfrac{1}{2m}[r(0) + r(m)] + \dfrac{1}{m} \sum_{j=1}^{m-1} r(j) \\[2mm] \widehat{s}_k = \dfrac{1}{m} \left[r(0) + 2 \sum_{j=1}^{m-1} r(j) \cos \dfrac{k\pi j}{m} + r(m) \cos k\pi \right] \\[2mm] \widehat{s}_m = \dfrac{1}{2m}[r(0) + (-1)^m r(m)] + \dfrac{1}{m} \sum_{j=1}^{m-1} (-1)^j r(j) \end{cases}$$

步骤三，计算平滑谱估计值。

$$\begin{cases} s_0 = 0.5\widehat{s}_0 + 0.5\widehat{s}_1 \\ s_k = 0.25\widehat{s}_{k-1} + 0.5\widehat{s}_k + 0.25\widehat{s}_{k+1} \\ s_m = 0.5\widehat{s}_{m-1} + 0.5\widehat{s}_m \end{cases}$$

步骤四，确定周期。周期与波数 k 的关系是 $T_k = \dfrac{2m}{k}$。

步骤五，对谱估计进行显著性检验。标准谱有两种情况，如果序列的滞后自相关系数 $r(1) > 0$ 时，用红噪声标准谱检验；如果 $r(1)$ 接近于 0 或为负值时，用白噪声标准谱检验。

红噪声标准谱：

$$s_{0k} = \overline{s} \left[\frac{1 - r(1)^2}{1 + r(1)^2 - 2r(1)\cos\dfrac{\pi k}{m}} \right]$$

式中，$\overline{s}$ 为 $m+1$ 个谱估计值的均值，即

$$\overline{s} = \frac{1}{2m}(s_0 + s_m) + \frac{1}{m}\sum_{k=1}^{m-1} s_k$$

白噪声标准谱：$s_{0k} \equiv \overline{s}$。

步骤六，确定显著性。

$$s'_{0k} = s_{0k}\left(\frac{\chi_\alpha^2}{\nu}\right)$$

其中自由度

$$\nu = \frac{2n - \dfrac{m}{2}}{m}$$

若谱估计值 $s_k > s'_{0k}$，则表明 k 波数对应的周期波动是显著的。

编制程序计算时，可以给定一显著性水平，如 $\alpha = 0.05$，将 χ^2 分布表中对应的不同自由度的 χ^2 值赋予某一数组，然后计算出 s'_{0k}。

3) 程序语句：

```
class PowerSpectrum(a)
```

参数说明：

参数名称	参数说明
a	一维数组

4) 方法：

谱估计

```
fit(m)
```

参数说明：

参数名称	参数说明
m	整数

周期。

```
t(alpha)
```

参数说明：

	参数名称	参数说明
输入参数	alpha	浮点数，显著性水平
输出参数	m	周期

```
chi2_test(alpha, positive)
```

参数说明：

参数名称	参数说明
alpha	浮点数，显著性水平
positive	白噪声区分值

5) 属性：

属性名称	说明
s	功率谱

6) 案例：计算 1920～2020 年南方涛动指数的功率谱，$n = 100$，最大滞后长度 $m = 30$，显著性水平取 0.05。

答案：3.5。

10.2　交　叉　谱

1) 功能：反映两个不同的随机序列在频率域变化上的相互关系，它等于两函数交叉相关的傅里叶变换。

2) 方法说明：标准化两个时间序列 $x_1(t)$ 和 $x_2(t)$。

步骤一，计算滞后交叉相关系数 $r_{12}(j)$ 和 $r_{21}(j)$，$0 \leqslant j \leqslant m$ (滞后长度)。

$$\begin{cases} r_{12}(j) = \dfrac{1}{n-j} \sum_{i=1}^{n-j} \left(\dfrac{x_{1i} - \overline{x}_1}{s_1} \right) \left(\dfrac{x_{2(i+j)} - \overline{x}_2}{s_2} \right) \\ r_{12}(j) = \dfrac{1}{n-j} \sum_{i=1}^{n-j} \left(\dfrac{x_{1(i+j)} - \overline{x}_1}{s_1} \right) \left(\dfrac{x_{2i} - \overline{x}_2}{s_2} \right) \end{cases}$$

步骤二，确定最后滞后长度 m，计算协谱 $P_{12}(k)$ 和正交谱 $Q_{12}(k)$，$0 \leqslant k \leqslant m$。

$$\begin{cases} P_{12(k)} = \dfrac{1}{m} \left\{ r_{12}(0) + \sum_{j=1}^{m-1} [r_{12}(j) + r_{21}(j)] \cos \dfrac{k\pi}{m} j + r_{12}(m) \cos k\pi \right\} \\ Q_{12(k)} = \dfrac{1}{m} \sum_{j=1}^{m-1} [r_{12}(j) - r_{21}(j)] \sin \dfrac{k\pi}{m} j \end{cases}$$

步骤三，利用汉宁平滑公式对 $P_{12}(k)$ 和 $Q_{12}(k)$ 进行平滑，得到

$$\begin{cases} \widehat{P}_{12}(k) = 0.25P_{12(k-1)} + 0.5P_{12(k)} + 0.25P_{12(k+1)} \\ \widehat{Q}_{12}(k) = 0.25Q_{12(k-1)} + 0.5Q_{12(k)} + 0.25Q_{12(k+1)} \end{cases}$$

步骤四，分别计算 $x_1(t)$ 和 $x_2(t)$ 的光滑功率谱，得到 $\widehat{P}_{11}(k)$ 和 $\widehat{P}_{22}(k)$ (见 10.1 节，功率谱部分)。

步骤五，将 $\widehat{P}_{12}(k)$、$\widehat{Q}_{12}(k)$、$\widehat{P}_{11}(k)$ 和 $\widehat{P}_{22}(k)$ 代入方程：

$$C_{12}(\omega) = \sqrt{P_{12}^2(\omega) + Q_{12}^2(\omega)}$$

$$\theta_{12}(\omega) = \arctan \frac{Q_{12}(\omega)}{P_{12}(\omega)}$$

$$R_{12}^2(\omega) = \frac{P_{12}^2(\omega) + Q_{12}^2(\omega)}{P_{11}(\omega)P_{22}(\omega)}$$

得到振幅谱 $C_{12}(k)$、相位谱 $\theta_{12}(k)$ 和凝聚谱 $R_{12}^2(k)$。在实际使用时，相位谱 $\theta_{12}(k)$ 通常用时间长度来表示，利用方程 $T_k = \dfrac{2m}{k}$ 可以从相位角与周期的关系计算落后时间长度谱：

$$L(k) = \frac{m\Theta_{12}(k)}{\pi k}$$

步骤六，对凝聚谱 $R_{12}^2(k)$ 的值进行显著性检验，计算统计量。

$$F = \frac{(\nu - 1)R_{12}^2}{1 - R_{12}^2}$$

分子遵从自由度为 2，分母遵从自由度为 $2(\nu-1)$ 的 F 分布。其中 $\nu = \dfrac{2n - \dfrac{(m-1)}{2}}{m-1}$。确定显著性水平 α，得 F_α，若 $F > F_\alpha$，则认为在某频率上两序列振动的凝聚是显著的。

3) 程序语句：

```
class CrossSpectrum(a, b, tau)
```

参数说明：

参数名称	参数说明
a	一维数组
b	一维数组
tau	滞后步长

4) 方法：
谱估计

```
fit()
```

计算周期

```
t(alpha)
```

参数说明:

	参数名称	参数说明
输入参数	alpha	浮点数,显著性水平
输出参数	m	周期

落后时间长度谱

```
delay_time_length_spectrum
```

参数说明:

	参数名称	参数说明
输入参数	alpha	浮点数,显著性水平
输出参数	m	周期

F 检验

```
f_test(alpha)
```

参数说明:

	参数名称	参数说明
输入参数	alpha	浮点数,显著性水平
输出参数	m	布尔类型

5) 属性:

属性名称	说明
amplitude	振幅谱
phase	相位谱
condensation	凝聚谱

6) 案例: 计算 1955~2006 年夏季南亚高压与西太平洋副热带高压强度指数交叉谱, $n = 52$, 最大滞后长度 $m = 17$, 显著性水平取 0.05。

答案: 5.44、2.35。

第 11 章 回 归 分 析

11.1 一元线性回归

1) 功能：因变量 y 仅与一个自变量 x 的变化有关时，可用一元线性方程 $y = ax + b$ 进行回归分析。

2) 方法说明：对于一个样本量为 n 的预报量 y 和自变量 x，可以构建一元线性回归方程。

假设数据点为二维数据矩阵 $(x_i, y_i)(i = 1, 2, \cdots, n)$，因变量 y 与自变量满足线性方程：

$$y = ax + b$$

只要确定回归系数 a 和 b，即可进行回归分析。

在此仍然使用最小二乘法进行线性拟合，使得观测值 y_i 与拟合值 y 之间差值的平方取得最小值，即

$$\min \sum_{i=1}^{n} |y_i - (ax + b)|^2$$

依次对 a 和 b 求偏导，故得

$$\begin{cases} 2\sum_{i=1}^{n}[y_i - (ax_i + b)](-x_i) = 0 \\ 2\sum_{i=1}^{n}[y_i - (ax_i + b)](-1) = 0 \end{cases}$$

$$\sum_{i=1}^{n} y_i = nb + a\sum_{i=1}^{n} x_i$$

$$\sum_{i=1}^{n} y_i x_i = b\sum_{i=1}^{n} x_i + a\sum_{i=1}^{n} x_i^2$$

解出关于 a 与 b 的方程组：

$$a = \frac{\sum_{i=1}^{n}(x_i - \bar{x})(y_i - \bar{y})}{\sum_{i=1}^{n}(x_i - \bar{x})^2}$$

$$b = \bar{y} - a\bar{x}$$

式中，$\bar{x}, \bar{y}$ 为自变量 x 和预报量 y 的平均值。

可得到回归拟合直线。

所得的拟合直线方程是一种近似关系，需通过以下参数进行评价：

总偏差平方和 (sum of squares for total, SST)，反映因变量取值的总体波动情况。

$$SST = \sum_{i=1}^{n} [y_i - (ax_i + b)]^2$$

标准差 (standard deviation, SD)，反映数据集的离散程度。

$$SD = \sqrt{\frac{SST}{n}}$$

回归平方和 (sum of squares for regression, SSR)，反映 y 的总偏差中 x 与 y 之间的线性关系引起的 y 的变化部分。

$$SSR = \sum_{i=1}^{n} [(ax_i + b) - \overline{y}]^2$$

最大 (小) 偏差：

$$\begin{cases} u_{\max} = \max_{1 \ll i \ll n} |y_i - (ax_i + b)| \\ u_{\min} = \min_{1 \ll i \ll n} |y_i - (ax_i + b)| \end{cases}$$

3) 程序语句：

```
class LinearRegression(x, y)
```

参数说明：

参数名称	参数说明
x	数组，自变量数组，其中每行代表一个样本，每列代表一个特征
y	数组，因变量数组

4) 方法：

fit，拟合，返回拟合后的 LinearRegressionParams 数据类。

predict。参数说明：

	参数	参数说明
输入参数	x	数组，预测数组
输出参数	m	数组，预测值

显著性检验

```
f_test(alpha)
```

参数说明：

类型	参数	参数说明
输入	alpha	浮点数，显著性水平
输出	布尔类型	是否通过显著性水平检测

5) 案例：已知二维矩阵。

x	12	13	14	15	16	17	18	19	20	21	22	23	24
y	17.47	20.84	22.05	23.4	25.4	26.92	28.08	29.64	31.77	32.89	33.62	35.48	37.24

利用一元线性拟合求 x 与 y 之间的函数关系，得 $y = 0.1685 + 1.5496x$。

11.2　多元线性回归

1) 功能：11.1 节探讨的是单一的气象要素影响，但实际的天气状况并不是只由一种天气要素决定的，为了探讨多要素对天气的影响，这里将介绍多要素的多元线性回归方程。

2) 方法说明：某次预报量 y 与自变量 $x_1, x_2, \cdots, x_p$ 有线性关系，因此有

$$y = a_0 + a_1 x_1 + \cdots + a_p x_p + \varepsilon$$

式中，$a_0, a_1, \cdots, a_p$ 为回归系数；ε 为随机误差。

由此可得，在样本容量为 n 的预报量估计值 $\widehat{y}$ 和 P 个自变量的时间观测中，满足线性回归方程：

$$\widehat{y}_i = b_0 + b_1 x_{i1} + \cdots + b_p x_{ip} + e_t \ (i = 1, 2, \cdots, n)$$

式中，e_t 为误差估计。

步骤一，用最小二乘法估计回归系数。根据最小二乘法，应使全部预报量的观测值与估计值的差值平方最小，则

$$Q = \sum_{i=1}^{n} (y_i - \widehat{y}_i)^2 = \sum_{i=1}^{n} (y_i - b_0 - b_1 x_{1i} - \cdots - b_p x_{ip})^2 \rightarrow 最小$$

这里，采用矩阵形式来表示，则

$$\boldsymbol{y} = \begin{bmatrix} y_1 \\ y_2 \\ \vdots \\ y_n \end{bmatrix}, \quad \widehat{\boldsymbol{y}} = \begin{bmatrix} \widehat{y}_1 \\ \widehat{y}_2 \\ \vdots \\ \widehat{y}_n \end{bmatrix}$$

预报量估计值的回归方程可以表示为 $\widehat{\boldsymbol{y}} = \boldsymbol{X} \boldsymbol{b}$，
式中

$$\boldsymbol{X} = \begin{bmatrix} 1 & x_{11} & x_{12} & \ldots & x_{1p} \\ 1 & x_{21} & x_{22} & \ldots & x_{2p} \\ \vdots & \vdots & \vdots & & \vdots \\ 1 & x_{n1} & x_{n2} & \ldots & x_{np} \end{bmatrix}, \quad \boldsymbol{b} = \begin{bmatrix} b_1 \\ b_2 \\ \vdots \\ b_p \end{bmatrix}$$

那么误差估计平方和 Q 就可以用内积的形式表示:

$$Q = (\boldsymbol{y} - \widehat{\boldsymbol{y}})'(\boldsymbol{y} - \widehat{\boldsymbol{y}}) = (\boldsymbol{y} - \boldsymbol{X}\boldsymbol{b})'(\boldsymbol{y} - \boldsymbol{X}\boldsymbol{b}) = \boldsymbol{y}'\boldsymbol{y} - \boldsymbol{b}'\boldsymbol{X}'\boldsymbol{y} - \boldsymbol{y}'\boldsymbol{X}\boldsymbol{b} + \boldsymbol{b}'\boldsymbol{X}'\boldsymbol{X}\boldsymbol{b}$$

要想误差平方和最小,将 Q 对回归系数 $b_0, b_1, \cdots, b_p$ 求偏导,并等于 0,则有

$$\frac{\partial Q}{\partial \boldsymbol{b}} = \frac{\partial(\boldsymbol{y}'\boldsymbol{y})}{\partial \boldsymbol{b}} - \frac{\partial(\boldsymbol{b}'\boldsymbol{X}'\boldsymbol{y})}{\partial \boldsymbol{b}} - \frac{\partial(\boldsymbol{y}'\boldsymbol{X}\boldsymbol{b})}{\partial \boldsymbol{b}} + \frac{\partial(\boldsymbol{b}'\boldsymbol{X}'\boldsymbol{X}\boldsymbol{b})}{\partial \boldsymbol{b}} = 0$$

上式中预报量 $\boldsymbol{y}'\boldsymbol{y}$ 不是 $\boldsymbol{b}$ 的函数,求偏导为 0,向量 $\boldsymbol{X}'\boldsymbol{y}$ 为 $(p+1) \times 1$,那么

$$\frac{\partial Q}{\partial \boldsymbol{b}} = 2\boldsymbol{X}'\boldsymbol{X}\boldsymbol{b} - 2\boldsymbol{X}'\boldsymbol{y} = 0$$

可得 $\boldsymbol{X}'\boldsymbol{X}\boldsymbol{b} = \boldsymbol{X}'\boldsymbol{y}$。

上式中回归系数可表示为 $\boldsymbol{b} = (\boldsymbol{X}'\boldsymbol{X})^{-1}\boldsymbol{X}'\boldsymbol{y}$。

步骤二,显著性检验。利用方差分析来判断回归方程是否显著,其主要是判断预报量与自变量是否存在线性关系。

这里可以构建统计量:

$$F = \frac{\dfrac{U}{p}}{\dfrac{Q}{n-p-1}}$$

其中

$$U = \sum_{i=1}^{n}(\widehat{y_i} - \overline{y})^2$$

式中,$\overline{y}$ 为预报量观测值的均值。提出假设: $H_0: a_1 = a_2 = \cdots = a_p = 0$,从中可以看出,当 H_0 为真时,表示所有自变量与 y 的均无线性相关。在显著性水平 α 下,若 $F > F_\partial$,则拒绝假设 H_0,预报量与自变量之间的线性是显著的。

步骤三,回归拟合程度好坏的检验。通过复相关系数 R 可以检验预报量 y 与估计量 $\widehat{y}$ 之间的线性相关度。这里

$$R = \frac{\displaystyle\sum_{i=1}^{n}(y_i - \widehat{y})(\widehat{y_i} - \widehat{y})}{\sqrt{\displaystyle\sum_{i=1}^{n}(y_i - \widehat{y})^2 \sum_{i=1}^{n}(\widehat{y_i} - \widehat{y})^2}}$$

也可以表示为 $R^2 = 1 - \dfrac{Q}{S_{yy}}$,其中,$S_{yy} = \displaystyle\sum_{i=1}^{n}(y_i - \overline{y})^2$。

3) 程序语句:

```
class LinearRegression(x, y)
```

参数说明:

参数名称	参数说明
x	数组，自变量数组，其中每行代表一个样本，每列代表一个特征
y	数组，因变量数组

4) 方法:

fit，拟合，返回拟合后的 LinearRegressionParams 数据类。

predict。参数说明:

	参数名称	参数说明
输入参数	x	数组，预测数组
输出参数	m	数组，预测值

f_test，显著性检验。参数说明:

	参数名称	参数说明
输入参数	alpha	浮点数，显著性水平
输出参数	布尔类型	是否通过显著性水平检测

5) 案例:

选取某气象观测站 24h 能见度、气压、气温等气象要素进行多元线性回归，具体资料见表。

时刻 i	能见度 y_i	气压 x_{1i}	气温 x_{2i}	相对湿度 x_{3i}	风速 x_{4i}
1	22.0	963.7	7.3	67	2.2
2	22.3	964.6	6.9	68	2.1
3	25.7	965.6	6.5	71	1.8
4	25.7	966.3	6.3	72	2.1
5	25.9	966.9	6.3	72	1.9
6	24.7	966.9	6.3	72	1.3
7	30	966.9	6.1	73	2.5
8	30	967.0	5.7	77	1.9
9	30	966.8	5.5	79	2.0
10	23.8	966.4	5.2	80	2.2
11	12.1	966.1	4.8	85	2.8
12	15.9	966.1	4.6	87	1.4
13	12.5	965.6	4.6	88	0.9
14	12.4	966.0	4.7	86	0.9
15	14.0	966.2	4.9	86	0.6
16	20.1	967.0	5.2	77	1.3
17	21.7	967.7	5.8	76	0.7
18	14.8	968.3	6.2	76	1.7
19	21.8	967.6	7.4	68	0.6
20	16.0	967.3	8.5	61	1.2
21	23.4	965.6	8.9	59	0.9
22	22.5	964.1	9.8	57	1.9
23	27.3	963.4	9.7	58	1.4
24	30	963.0	9.2	61	2.2

求得多元线性回归系数为 $[-0.315\ 521\ 174\ 703\ 061\ 85, -4.561\ 498\ 570\ 895\ 688, -1.037$
$354\ 011\ 513\ 699\ 9, 2.446\ 964\ 340\ 808\ 465\ 4]$

回归方程为 $y = 428.366 - 0.3155x_1 - 4.561x_2 - 1.037x_3 + 2.447x_4$。

11.3 逐 步 回 归

1) 功能：在用自变量估计预报量的多元线性回归方程中，并不是每个自变量对预报量的估计都起到了显著的贡献，在用多元线性回归方程进行预报时，为了保证使用最优的因子来进行回归。这里将介绍逐步回归方程。

2) 方法说明：样本容量为 k 的 p 个自变量 x_j 和预报量 y，可以表示为

$$(x_{i1}, x_{i2}, \cdots, x_{ip}, y_i) \quad (i = 1, 2, \cdots, k)$$

由最小二乘法可得预报量估计值：

$$\widehat{y} = b_0 + b_1' x_1' + \cdots + b_m' x_m'$$

式中，$'$ 表示筛选后的自变量，且 $m \leqslant p$。

步骤一，在自变量相关阵的基础上加上一列自变量与预报量的相关系数向量，组成 $(p+1) \times (p+1)$ 阶对称阵：

$$\boldsymbol{R} = \begin{bmatrix} r_{11} & r_{12} & \dots & r_{1p} & r_{1y} \\ r_{21} & r_{22} & \dots & r_{2p} & r_{2y} \\ \vdots & \vdots & \dots & \vdots & \vdots \\ r_{y1} & r_{y2} & \dots & r_{yp} & r_{yy} \end{bmatrix}$$

这里

$$r_{ij} = \frac{d_{ij}}{\sqrt{d_i d_j}} \quad i, j = 1, 2, \cdots, p, p+1 对应 y$$

其中

$$d_{ij} = \sum_{t=1}^{k} (x_{ti} - \overline{x}_i)(x_{tj} - \overline{x}_j)$$

$$d_i = \sum_{t=1}^{k} (x_{ti} - \overline{x}_i)^2, \quad d_j = \sum_{t=1}^{k} (x_{tj} - \overline{x}_j)^2$$

$$\overline{x} = \sum_{t=1}^{k} \frac{x_{ti}}{k} \quad (i = 1, 2, \cdots, p+1)$$

步骤二，计算每个自变量对 y 的方差贡献：

$$V_i = \frac{r_{iy}^2}{r_{ii}} \quad (i = 1, 2, \cdots, p)$$

步骤三，判断需要选入的自变量。当 $V_i > 0$ 时，找到 $V_{\max} = \max(|V_i|)$ 和对应的自变量 $x_{\max}$，构造统计量，若

$$\frac{(\varphi - 1)V_{\max}}{r_{yy} - V_{\max}} \geqslant F_{\alpha}(1, \varphi - 1)$$

则引进自变量 $x_{\max}$，并对 $\boldsymbol{R}$ 进行该自变量的消元变换。再进行步骤二。

其中 $\varphi = k - l - 1$，其中 l 为自变量已选入的个数。

步骤四，判断需要剔除的自变量。当 $V_i < 0$ 时，找到 $V_{\min} = \min(|V_i|)$ 和对应的自变量 $x_{\min}$，构造统计量，若

$$\frac{\varphi V_{\min}}{r_{yy}} < F_{\alpha}(1, \varphi)$$

则由于引入新的自变量，该自变量不显著，需要剔除，并对 $\boldsymbol{R}$ 进行该自变量的消元变换。再进行步骤二。式中，F_{α} 是 $F - Y$ 分布值，该值取决于样本容量、自变量已选入的个数和显著性水平 (如选取显著水平 0.05)。系数相关阵 $\boldsymbol{R}$ 第 k 步消元的方法如下：

$$r_{ij}^{(k)} = r_{ij}^{(k-1)} - \frac{r_{lj}^{(k-1)}}{r_{ll}^{(k-1)}} \cdot r_{il}^{(k-1)} \quad i, j = 1, 2, \cdots, p+1; i, j \neq l$$

$$r_{lj}^{(k)} = r_{lj}^{(k-1)} / r_{ll}^{(k-1)} \quad j = 1, 2, \cdots, p+1; j \neq l$$

$$r_{il}^{(k)} = -r_{il}^{(k-1)} / r_{ll}^{(k-1)} \quad i = 1, 2, \cdots, p+1; i \neq l$$

$$r_{ll}^{(k)} = 1/r_{ll}^{(k-1)} \quad i, j = l$$

最后得到各回归系数 $b_0, b_1, \cdots, b_p$。

其中

$$b_i = \sqrt{\frac{d_y}{d_i}} \cdot r_{iy}$$

步骤五，计算回归方程有关值，得出回归方程后，可得残差平方和 $q = d_y r_{yy}$，以及 $S_i = s\sqrt{\dfrac{r_{ii}}{d_i}}$。$S_i$ 是各回归系数的标准偏差，$s = d_y\sqrt{\dfrac{r_{ii}}{\varphi}}$ 是估计标准偏差。

进一步可得回归方程的复相关系数为 $C = \sqrt{1 - r_{yy}}$，残差为 $\mathrm{YR}_i = y_i - \mathrm{YE}_i$，其中 $\mathrm{YE}_i = b_0 + \sum\limits_{j=1}^{n} b_j x_{ij}$ 是自变量条件期望的估计值。

3) 程序语句：

```
class StepWise(x, y, model, criteria, processing = 'dummy_drop_first'):
```

参数说明：

参数名称	参数说明
x	输入数组或 pd.DataFrame，其中每行代表一个样本，每列代表一个特征
y	输入数组或 pd.Series
model	模式，可选 'regression' 或 'logistic'
criteria	评判标准，可选 'aic'、'bic'、'r2'、'r2adj'
processing	可选 'drop'、'dummy'、'dummy_drop_first'

4) 方法：

```
forward(alpha):
```

参数说明：

参数名称	参数说明
alpha	浮点数，显著性水平

```
backward(alpha):
```

参数说明：

参数名称	参数说明
alpha	浮点数，显著性水平

```
predict(x)
```

参数说明：

参数名称	参数说明
x	数组，预测自变量

5) 属性：

属性名称	说明
selected	逐步回归参照变量
aic	AIC
bic	BIC
r2	R^2
r2adj	修正 R^2

6) 案例：选取 11.2 节某气象观测站 24h 能见度、气压、气温等气象要素进行逐步回归分析。

求得逐步回归方程为 $y = 44.9653 - 0.3158x_3$。

11.4 自回归分析

1) 功能：自回归模型是一种常见的平稳时间序列模型，通过利用前期若干时刻的随机变量来描述未来某时刻随机变量的线性回归。

2) 方法说明：对某一时刻 t 随机变量可用 p 阶自回归模型表示：

$$\boldsymbol{X}_t = \varphi_1 \boldsymbol{X}_{t-1} + \varphi_2 \boldsymbol{X}_{t-2} + \cdots + \varphi_p \boldsymbol{X}_{t-p} + a_t$$

式中，a_t 为模型的残差；$\varphi_1, \varphi_2, \cdots, \varphi_p$ 为自回归系数。引入算子 B，且

$$B\boldsymbol{X}_t = \boldsymbol{X}_{t-1}, B^2\boldsymbol{X}_t = \boldsymbol{X}_{t-2}, \cdots, B^l\boldsymbol{X}_t = \boldsymbol{X}_{t-l}$$

则 p 阶自回归模型可表示为

$$(1 - \varphi_1 B - \varphi_2 B^2 - \cdots - \varphi_p B^p)\boldsymbol{X}_t = a_t$$

当 $p = 1$ 时，为一阶自回归模型：

$$(1 - \varphi_1 B)\boldsymbol{X}_t = a_t \text{ 或 } \boldsymbol{X}_t = \varphi_1 \boldsymbol{X}_{t-1} + a_t$$

这一过程的自相关函数的特点是：$\rho_\tau = \rho_1^{|\tau|}$，$\rho_\tau$ 是落后 τ 个时刻的自相关系数，ρ_1 是落后 1 个时刻的自相关系数。

设 $\boldsymbol{X}_t$ 仅与前期时刻的白噪声有关，则可得 $\rho_1 = \varphi_1$。由一阶自回归模型可递推：

$$\boldsymbol{X}_t = \rho_1^k \boldsymbol{X}_{t-k} + \dot{a}_t$$

式中，$\dot{a}_t$ 为白噪声序列。

对一阶自回归模型进行泰勒展开，可得

$$\boldsymbol{X}_t = (1 + \varphi_1 B + \varphi_1 B^2 + \cdots)a_t = a_t + \varphi_1 a_{t-1} + \varphi_1^2 a_{t-2} + \cdots = \sum_{j=0}^{\infty} \varphi_1^j a_{t-j}$$

对上式两边取方差，则有

$$D(\boldsymbol{X}_t) = \sigma_a^2 + \varphi_1^2 \sigma_a^2 + \varphi_1^4 \sigma_a^2 + \cdots = \sigma_a^2 \left(\frac{1}{1 - \varphi_1^2} \right)$$

由上式可知，$D(\boldsymbol{X}_t)$ 存在，则要求 $\varphi_1^2 < 1$，此时 $AR(1)$ 模型稳定。

当 $p = 2$ 时，为二阶自回归模型：

$$\boldsymbol{X}_t = \varphi_1 \boldsymbol{X}_{t-1} + \varphi_2 \boldsymbol{X}_{t-2} + a_t$$

对上式同乘 $\boldsymbol{X}_t$，并取数学期望，令 $E(a_t \boldsymbol{X}_t) = \sigma_\alpha^2$，则

$$\sigma_x^2 = \varphi_1 \gamma_1 + \varphi_2 \gamma_2 + \sigma_\alpha^2$$

式中，$\sigma_x^2 = E(\boldsymbol{X}_t^2)$ 为方差；$\gamma_1 = E(\boldsymbol{X}_t \boldsymbol{X}_{t-1}), \gamma_2 = E(\boldsymbol{X}_t \boldsymbol{X}_{t-2})$ 为协方差。对上式进一步整理为

$$\sigma_x^2 (1 - \varphi_1 \rho_1 - \varphi_2 \rho_2) = \sigma_a^2$$

同理，二阶自回归模型两边同乘 $\boldsymbol{X}_{t-1}$，并取期望后除以 σ_x^2，则有

$$\rho_1 = \varphi_1 + \varphi_2 \rho_1$$

对二阶自回归模型两边同乘 $\boldsymbol{X}_{t-2}$，并取期望，除以 σ_x^2，则有

$$\rho_2 = \varphi_1 \rho_1 + \varphi_2 \rho_0$$

引入后移算子 B，即 $B\boldsymbol{X}_t = \boldsymbol{X}_{t-1}, B^2\boldsymbol{X}_t = \boldsymbol{X}_{t-2}$，对二阶自回归模型进行因式分解：

$$(1 - \lambda_1 B)(1 - \lambda_2 B)\boldsymbol{X}_t = a_t$$

其中，λ_1, λ_2 为多项式 $(1 - \varphi_1 B - \varphi_2 B^2)$ 的特征方程 $\lambda^2 - \varphi_1\lambda - \varphi_2 = 0$ 的根，则有

$$\boldsymbol{X}_t = \frac{1}{\lambda_1 - \lambda_2}\left(\sum_{j=0}^{\infty}(\lambda_1^{j+1} - \lambda_2^{j+1})a_{t-j}\right)$$

由上式可知，当 $|\lambda_1| < 1$ 且 $|\lambda_2| < 1$ 时，二阶自回归方程稳定。

对于 p 阶自回归模型求解：

步骤一，求解落后 p 时刻的自相关系数和 p 阶自回归系数。

$$r_\tau = \frac{s(\tau)}{s^2}$$

$$s(\tau) = \frac{1}{n - \tau}\sum_{i=1}^{n-\tau}(x_i - \overline{x})(x_{i+\tau} - \overline{x})$$

式中，r_τ 为变量 $x_t(t = 1, 2, \cdots, n)$ 的 p 阶自相关系数；s 为变量的标准差；$\overline{x}$ 为均值。对 p 阶自回归模型乘 $\boldsymbol{X}_{t-1}$ 再求数学期望并除 σ_x^2，得

$$\begin{cases} \rho_1 = \varphi_1 + \varphi_2\rho_1 + \cdots + \varphi_p\rho_{p-1} \\ \rho_2 = \varphi_1\rho_1 + \varphi_2 + \cdots + \varphi_p\rho_{p-2} \\ \vdots \qquad\qquad \vdots \qquad\qquad \vdots \\ \rho_p = \varphi_1\rho_{p-1} + \varphi_2\rho_{p-2} + \cdots + \varphi_p \end{cases}$$

从上式可求出 p 阶自回归模型的系数估计，进而可以推导出参数 $\widehat{\varphi}_k(k = 1, 2, \cdots, p)$ 的 Yule-Walker (尤尔–沃克) 方程：

$$\begin{bmatrix} \hat{\varphi}_1 \\ \hat{\varphi}_2 \\ \vdots \\ \hat{\varphi}_p \end{bmatrix} = \begin{bmatrix} 1 & r_1 & \cdots & r_{p-1} \\ r_1 & 1 & \cdots & r_{p-2} \\ \vdots & \vdots & & \vdots \\ r_{p-1} & r_{p-2} & \cdots & 1 \end{bmatrix}^{-1} \begin{bmatrix} r_1 \\ r_2 \\ \vdots \\ r_p \end{bmatrix}$$

由数学归纳法可递推得到 p 阶自回归系数：

$$\begin{cases} \widehat{\varphi}_p^{(p)} = \dfrac{r_p - \sum\limits_{k=1}^{p-1}\widehat{\varphi}_k^{(p-1)}r_{p-k}}{1 - \sum\limits_{k=1}^{p-1}\widehat{\varphi}_k^{(p-1)}r_k} \\ \widehat{\varphi}_k^{(p)} = \widehat{\varphi}_k^{(p-1)} - \widehat{\varphi}_p^{(p)}\widehat{\varphi}_{p-k}^{(p-1)} \qquad (k = 1, 2, \cdots, p-1) \end{cases}$$

步骤二，求解自回归方程残差 a_t 的方差估计值 s_a^2 和复相关系数 R^2：

$$s_a^2 = s_x^2 \left(1 - \sum_{k=1}^{p} \widehat{\varphi}_k r_k \right)$$

$$R^2 = \sum_{k=1}^{p} \hat{\varphi}_k r_k$$

3) 程序语句：

```
class statsmodels.tsa.arima_model.ARMA(
    endog, order, exog=None, dates=None, freq=None, missing='none'
)
```

参数说明：

参数名称	参数说明
endog	数组，需要进行 ARMA 的数据；(内生变量)
order	(p, q)，p 和 q 分别为自回归和移动平均的阶数，当 $q=0$，即为 AR 模型
exog	数组 (可选)，外生数组，不可包含常数或趋势 (fit 方法中也可指定)
dates	数组 (可选)，一个时间数组，如果 endog 或 exog 没有给出，则可以提供日期时间对象的数组状对象
freq	字符串 (给定 dates 时可选)：时间序列频率，如'B'、'D'、'W'、'M'、'A'、'Q'等

4) 方法：

```
#拟合
ARMA.fit()
```

ARMA 使用文档的相关链接:https://www.statsmodels.org/stable/generated/statsodels.tsa.arima_model.ARMA.html?highlight=arma#statsmodels.tsa.arima_model.ARMA。

5) 案例：以大气热源为例。

年份	原始数据									
1981 ~ 1990	121.5	106.6	109.1	115.3	110.9	99.8	117.2	140.2	112.0	102.2
1991 ~ 2000	122.0	101.1	109.2	96.2	102.3	95.9	86.1	127.3	112.3	82.2
2001 ~ 2010	70.1	68.5	65.1	91.7	104.7	91.4	129.9	131.7	106.6	123.1

自回归分析结果为 AR(1)：$y(t) = 106.1275 + 0.4944y(t-1) + a_t$，$a_t$ 为白噪声。

11.5　自回归滑动平均

1) 功能：在自回归模型中，通过随机变量自身来进行拟合，在拟合中希望其拟合残差越小越好，但并不是 p 值越大越好，为了得到更真实的拟合，这里介绍自回归滑动平均模型。

2) 方法说明：当 a_t 是白噪声序列时，有 p 阶自回归模型

$$\boldsymbol{X}_t = \varphi_1 \boldsymbol{X}_{t-1} + \varphi_2 \boldsymbol{X}_{t-2} + \cdots + \varphi_p \boldsymbol{X}_{t-p} + a_t$$

但当 a_t 不是白噪声序列时，自回归模型的残差项可以用 q 阶滑动平均模型 (MA) 来描述，上式可改写为

$$\boldsymbol{X}_t = \varphi_1 \boldsymbol{X}_{t-1} + \varphi_2 \boldsymbol{X}_{t-2} + \cdots + \varphi_p \boldsymbol{X}_{t-p} - \theta_1 a_{t-1} - \theta_2 a_{t-2} - \cdots - \theta_q a_{t-q} + a_t$$

式中，$a_{t-1}, a_{t-2}, \cdots, a_{t-q}$ 是对 $\boldsymbol{X}_t$ 产生影响的部分及与 t 时刻前各时刻均不相关部分 a_t。上式可简化为 $\varphi(B)\boldsymbol{X}_t = \theta(B)a_t$，其中

$$\varphi(B) = 1 - \varphi_1 B - \varphi_2 B^2 - \cdots - \varphi_p B^p$$

$$\theta(B) = 1 - \theta_1 B - \theta_2 B^2 - \cdots - \theta_p B^p$$

上式即 ARMA(p,q) 模型，p, q 分别为自回归和滑动平均的阶数；$\varphi_1, \varphi_2, \cdots, \varphi_p$ 为自回归系数；滑动平均系数为 $\theta_1, \theta_2, \cdots, \theta_q$。

令 $\Psi(B) = \varphi^{-1}(B)\theta(B)$，则 $\varphi(B)\boldsymbol{X}_t = \theta(B)a_t$ 可以表示为

$$\boldsymbol{X}_t = \Psi(B)\, a_t$$

可得

$$a_t = \Psi^{-1}(B)\,\boldsymbol{X}_t = \Pi(B)\,\boldsymbol{X}_t$$

在 ARMA(p,q) 模型中，$\Psi(B)$ 及 $\Pi(B)$ 称为传导函数。

步骤一，求 p 阶自回归模型中回归系数，对 ARMA(p,q) 模型两边乘以 $\boldsymbol{X}_{t-k}$ 再求数学期望，并除 σ_x^2，得

$$\rho_k = \varphi_1 \rho_{k-1} + \varphi_2 \rho_{k-2} + \cdots + \varphi_p \rho_{k-p}$$

由上式可求解 $k \geqslant q+1$ 时 φ_i 的 p 阶线性方程组：

$$\begin{cases} \rho_{q+1} = \varphi_1 \rho_q + \varphi_2 \rho_{q-1} + \cdots + \varphi_p \rho_{q-p+1} \\ \rho_{q+2} = \varphi_1 \rho_{q+1} + \varphi_2 \rho_q + \cdots + \varphi_p \rho_{q-p+2} \\ \quad\vdots \qquad\qquad \vdots \qquad\qquad \vdots \\ \rho_{q+p} = \varphi_1 \rho_{q+p-1} + \varphi_2 \rho_{q+p-2} + \cdots + \varphi_p \rho_q \end{cases}$$

其中，ρ_k 为落后 k 时刻的自相关函数，由上式可求得自回归系数 $\varphi_1, \varphi_2, \cdots, \varphi_p$。

步骤二，求解 q 阶滑动平均模型。若再让 $\boldsymbol{Y}_t = \boldsymbol{X}_t - \varphi_1 \boldsymbol{X}_{t-1} - \varphi_2 \boldsymbol{X}_{t-2} - \cdots - \varphi_p \boldsymbol{X}_{t-p}$，则残差变量 $\boldsymbol{Y}_t = a_t - \theta_1 a_{t-1} - \cdots - \theta_q a_{t-q}$，为一个滑动平均模型。

要想估计滑动平均系数 $\theta_1, \theta_2, \cdots, \theta_p$，就要求解 $\boldsymbol{Y}_t$ 的自相关函数或自协方差函数。因为 $E(\boldsymbol{X}_t) = 0$，则有 $E(\boldsymbol{Y}_t) = 0$，$\boldsymbol{Y}_t$ 落后 k 时刻的自协方差表示为

$$
\begin{aligned}
\gamma_k &= E\left(\boldsymbol{Y}_t \boldsymbol{Y}_{t-k}\right) \\
&= E\left[(a_t - \theta_1 a_{t-1} - \theta_2 a_{t-2} - \cdots - \theta_q a_{t-q})(a_{t-k} - \theta_1 a_{t-k-1} - \theta_2 a_{t-k-2} - \cdots - \theta_q a_{t-k-q})\right] \\
&= \begin{cases}
\left(1 + \theta_1^2 + \theta_2^2 + \cdots + \theta_q^2\right)\sigma_a^2, & k = 0 \\
\left(-\theta_k^+ \displaystyle\sum_{i=1}^{q-k} \theta_i \theta_{k+i}\right)\sigma_a^2, & 1 \leqslant k \leqslant q \\
0, & k > q
\end{cases}
\end{aligned}
$$

上式可表达为

$$
\begin{cases}
\sigma_a^2 = \dfrac{\gamma_0}{\left(1 + \theta_1^2 + \theta_2^2 + \cdots + \theta_q^2\right)} \\
\theta_k = -\left(\dfrac{\gamma_k}{\sigma_a^2} - \displaystyle\sum_{i=1}^{q-k} \theta_i \theta_{k+i}\right)
\end{cases}
$$

由此可通过上式，迭代求出 σ_a^2 和 θ_k。

步骤三，确定模型的阶数。用赤池信息量准则 (Akaike information criterion, AIC) 或贝叶斯信息准则 (Bayesian information criterion, BIC) 判断阶数：

$$
\text{AIC} = n \ln \widehat{\sigma}_\alpha^2 + 2(p + q + 1)
$$

或

$$
\text{BIC} = n \ln \widehat{\sigma}_\alpha^2 + (p + q + 1)\ln(n)
$$

其中

$$
\widehat{\sigma}_\alpha^2 = \dfrac{\displaystyle\sum_{t=1}^{n}(x_t - \widehat{x}_t)^2}{n - (p + q + 1)}
$$

式中，n 为样本容量，对各种 p、q 计算 AIC 或 BIC，选择最小的作为预报参数。

3) 程序语句：

```
class statsmodels.tsa.arima_model.ARMA(
    endog, order, exog=None, dates=None, freq=None, missing='none'
)
```

参数说明：

参数名称	参数说明
endog	数组，需要进行 ARMA 的数据；（内生变量）
order	(p, q)，p 和 q 分别为自回归和移动平均的阶数
exog	数组 (可选)，外生数组，不可包含常数或趋势（fit 方法中也可指定）
dates	数组 (可选)，一个时间数组，如果 endog 或 exog 没有给出，则可以提供日期时间对象的数组状对象
freq	字符串 (给定 dates 时可选)：时间序列频率，如 'B'、'D'、'W'、'M'、'A'、'Q' 等

4) 方法:

```
#拟合
ARMA.fit(
    start_params = None, trend = 'c', method = 'css-mle', transparams = True,
    solver = 'lbfgs', maxiter = 500, full_output = 1, disp = 5, callback = None,
    start_ar_lags = None, **kwargs
)
```

ARMA 使用文档的相关链接:https://www.statsmodels.org/stable/generated/statsmodels.tsa.arima_model.ARMA.html?highlight=arma#statsmodels.tsa.arima_model.ARMA。

5) 案例:青藏高原夏季大气热源数据,计算三阶自回归滑动平均模型。

年份	原始数据									
1981 ∼ 1990	121.5	106.6	109.1	115.3	110.9	99.8	117.2	140.2	112.0	102.2
1991 ∼ 2000	122.0	101.1	109.2	96.2	102.3	95.9	86.1	127.3	112.3	82.2
2001 ∼ 2010	70.1	68.5	65.1	91.7	104.7	91.4	129.9	131.7	106.6	123.1

自回归滑动平均结果为 ARMR(1,1) 模型:$y(t) = 105.7478 - 0.2244y(t-1) + 1.0a(t-1)$,$a(t-1)$ 为白噪声。

第 12 章 滤 波 分 析

12.1 基于滑动平均的低通滤波

1) 功能：采用滑动平均法，实现序列的低通滤波。

2) 方法说明：对样本量为 n 的序列 x 采用滑动平均滤波后，序列为

$$\widehat{x}_j = \frac{1}{k} \sum_{i=1}^{k} x_{i+j-1} \quad (j = 1, 2, \cdots, n-k+1)$$

式中，k 为滑动长度。通常取 k 为奇数，以使平均值可以加到时间序列中项的时间坐标上。若 k 取偶数，可以对滑动平均后的新序列取每两项的平均值，以使滑动平均对准中间排列。滑动平均法会完全滤除周期等于 k 的振动；对于周期小于 k 的振动，具有较好的方差或振幅削弱效果；而对于周期大于 k 的振动，也有不同程度的方差或振幅削弱，周期越大，削弱程度越小。

3) 程序语句：

```
moving_average(a, win)
```

参数说明：

	参数名称	参数说明
输入参数	a	一维数组
	win	整数，滑动窗口
输出参数	ndarray	数组，滤波结果

4) 案例：基于 1982 年 1 月至 2020 年 3 月的 Nino3 指数滤除周期小于三年的波动。图中蓝色线表示原始数据序列，红色线表示滤波以后的数据序列。

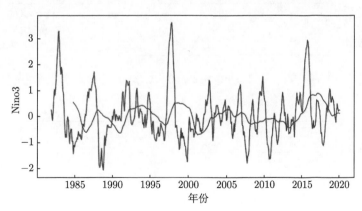

12.2　基于二项系数滑动的低通滤波

1) 功能：采用二项式系数确定滑动权重的方法，实现序列的低通滤波。

2) 方法说明：对 $n+1$ 点平滑的二项式滤波 (n 为偶数)，先计算 $n+1$ 个二项式系数。

$$B_k = \frac{n!}{k!(n-k)!} \quad (k = 0, 1, \cdots, n)$$

例如，针对三点平滑 ($n=2$) 的二项式滤波，

$$B_0 = \frac{2!}{0! \times 2!} = 1; \quad B_1 = \frac{2!}{1! \times 1!} = 2; \quad B_2 = \frac{2!}{2! \times 0!} = 1$$

接下来依据二项式系数计算权重系数：

$$C_k = \frac{B_k}{B_0 + B_1 + \cdots + B_n} \quad (k = 0, 1, \cdots, n)$$

将权重系数按中心点重新排列，得到权重系数 $h_i = C_k$，$i = k - \frac{n}{2}$，$k = 0, 1, \cdots, n$。

对样本量为 m 的序列 x，在序列的前 (后) 端点由于没有前 (后) 数据，通常用端点后 (前) $\frac{n}{2}$ 个点的数据做对称延伸，而数列的长度也由 m 变成了 $m + \frac{n}{2} + \frac{n}{2} = m + n$。采用二项系数滑动滤波后的序列如下：

$$y_t = \sum_{i=-\frac{n}{2}}^{i=\frac{n}{2}} h_i x(t+i) \quad (t = 1, 2, \cdots, m)$$

$n+1$ 点平滑的二项系数过滤器，可以对小于等于 $n+1$ 周期的波动进行较好的过滤，相对于等权重滑动平均滤波器而言，由于其权重值的分布遵从二项分布，突出了滑动中心点的作用，其对长周期波动的振幅和位相的影响要更小。

3) 程序语句：

```
binomial_coefficient(a, win)
```

	参数名称	参数说明
输入参数	a	一维数组
	win	整数，滑动窗口
输出参数	ndarray	数组，滤波结果

4) 案例：以下是某年某地逐年 (1981~2019 年) 夏季累积降水量 (mm)，采用五点二项式系数滑动方法滤除低于 5 年的周期。

249	404	848	621	859	382	452	1170	410	411
285	660	520	185	448	484	204	675	456	383
228	528	372	357	578	529	511	554	243	293
466	319	382	620	509	469	545	268	384	

图中蓝色线表示原始数据序列，红色线表示滤波以后的数据序列。

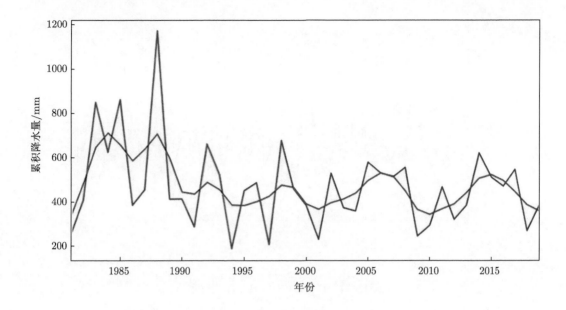

12.3　高斯低通滤波

1) 功能：采用高斯滤波的方法，实现序列的低通滤波。

2) 方法说明：对样本量为 n 的序列 x，用 $2m+1$ 表示参与高斯滑动平均的样本数，则其高斯低通滤波公式为

$$y(t) = \sum_{k=-m}^{k=m} c_k x_{t-k}$$

式中，$c_k = \dfrac{3}{m\sqrt{2\pi}} e^{-\frac{9k^2}{2m^2}}\, (k = 0, \pm 1, \pm 2, \cdots, \pm m)$。

通过高斯滤波，过滤的是周期小于 $2m+1$ 的波动，滤波后的时间序列在两端各有 m 个格点的长度损失，滤波后的时间序列 (y) 的长度为 $n - 2m$。

3) 程序语句：

```
gauss(a, win)
```

参数说明：

	参数名称	参数说明
输入参数	a	一维数组
	win	整数，滑动窗口
输出参数	output	数组，滤波结果

4) 案例：基于 1982 年 1 月至 2020 年 3 月的 Nino3 指数数据，采用高斯低通滤波的方法，滤除周期小于 3 年的波动。

图中蓝色线表示原始数据序列，红色线表示滤波以后的数据序列。

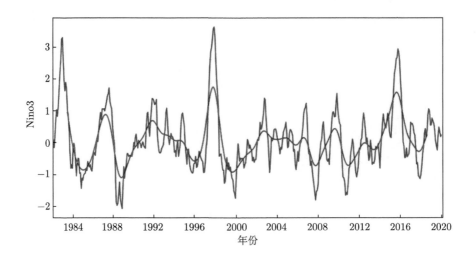

12.4 Butterworth 带通滤波

1) 功能：采用 Butterworth (巴特沃思) 带通滤波的方法，提取序列在某个频率范围内的波动。

2) 方法说明：对样本量为 n 的序列 x，其带通滤波公式为

$$y(k) = a[x(k) - x(k-2)] - b_1 y(k-1) - b_2 y(k-2)$$

式中，$x(k)$ 和 $y(k)$ 分别为原始输入变量和输出变量 k 时刻的值；a、b_1、b_2 为过滤器系数。

$$a = \frac{2\Delta\Omega}{4 + 2\Delta\Omega + \Omega_0^2}$$

$$b_1 = \frac{2(\Omega_0^2 - 4)}{4 + 2\Delta\Omega + \Omega_0^2}$$

$$b_2 = \frac{4 - 2\Delta\Omega + \Omega_0^2}{4 + 2\Delta\Omega + \Omega_0^2}$$

$$\Delta\Omega = 2 \left| \frac{\sin\omega_1\Delta T}{1 + \cos\omega_1\Delta T} - \frac{\sin\omega_2\Delta T}{1 + \cos\omega_2\Delta T} \right|$$

$$\Omega^2 = \frac{4\sin\omega_1\Delta T \cdot \sin\omega_2\Delta T}{(1 + \cos\omega_1\Delta T) \cdot (1 + \cos\omega_2\Delta T)}$$

通常取 $\Delta T = 1$，$\omega_1 = \dfrac{2\pi}{T_1}$、$\omega_2 = \dfrac{2\pi}{T_2}$ 为截止圆频率，T_1、T_2 为截止周期。

Butterworth 带通滤波通常采用正反两次滤波法：

步骤一，在数据的起始和终点位置分别向外扩充两位，即令 $x(-1) = x(0) = x(1)$；$x(n+1) = x(n+2) = x(n)$。

步骤二，正向滤波，设 $y^*(-1) = 0$，$y^*(-2) = 0$，依据上式得到尝试性输出时间序列的值，$y^*(k)$，$k = 1, 2, \cdots, n+2$。

步骤三，反向滤波，令 $y(n+1) = 0$，$y(n+2) = 0$，将 y^* 按相反的时间方向再进行一次滤波，获得新的时间序列，$y(k)$，$k = 1, 2, \cdots, n$。

利用 Butterworth 带通滤波器，得到的是序列长度与原始序列长度一致，周期在 $T_1 \sim T_2$ 的时间序列。

3) 程序语句：

```
sp.signal.butter(N, Wn, btype = 'low', analog = False, output = 'ba', fs = None)
```

参数说明：

	参数名称	参数说明
输入参数	N	整数，滤波阶数
	Wn	数组，滤波频率
	btype	滤波类型 (可选'lowpass'、'highpass'、'bandpass'、'bandstop')，默认为 lowpass
	analog	布尔类型 (可选)，若选 True，则返回一个模拟滤波器，否则返回数字滤波器
	output	可选'ba'、'zpk'、'sos'，返回类型，默认为'ba'，在通用滤波时应选'sos'
	fs	浮点数 (可选)，数字滤波的样本采用频率
输出参数	ndarray	数组，滤波结果

4) 案例：基于 1982 年 1 月至 2020 年 3 月的 Nino3 指数案例，采用 Butterworth 带通滤波方法提取周期为 3~5 年的波动。

图中蓝色线表示原始数据序列，红色线表示滤波以后的数据序列。

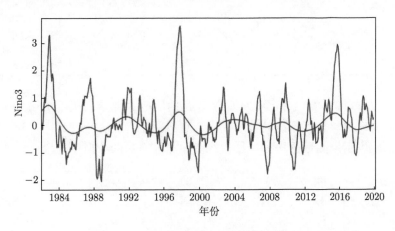

12.5　Lanczos 带通滤波

1) 功能：采用 Lanczos (兰乔斯) 带通滤波的方法，提取序列在某个频率范围内的波动。

2) 方法说明：对样本量为 n 的序列 x，采用 Lanczos 带通滤波方法，获取周期范围在 $[T_1, T_2]$ 的波动，其计算公式为

$$y(t) = \sum_{k=-m}^{k=m} c_k x_{t-k}$$

$$c_k = \left[\frac{\sin(2\pi k f_1)}{\pi k} - \frac{\sin(2\pi k f_2)}{\pi k}\right] \frac{\sin\left(\dfrac{\pi k}{m}\right)}{\dfrac{\pi k}{m}} \quad (k = \pm 1, \pm 2, \cdots, \pm m)$$

$$c_0 = 0$$

$$f_1 = \frac{1}{T_1}$$

$$f_2 = \frac{1}{T_2}$$

式中，m 为取样窗口，m 的值按分析问题的实际需要选取，m 的值越大，滤波器的频率响应函数越接近于理想频率响应函数。滤波后的时间序列在两端各有 m 个格点的长度损失，滤波后时间序列 (y) 的长度为 $n-2m$。在实际应用中，通常选择不同的 m，然后比较滤波以后的效果，从而选择长度损失较小，滤波效果也较好的取样窗口值。Lanczos 带通滤波比较适合长时间序列的滤波。

3) 程序语句：

```
lanczos(a, t1, t2, win)
```

参数说明：

	参数名称	参数说明
输入参数	a	一维数组
	t1	数字，小周期
	t2	数字，大周期
	win	整数，滑动窗口
输出参数	ndarray	数组，滤波结果

4) 案例：给定 1980 年 1 月至 2020 年 3 月的 Nino3 指数，采用 Lanczos 带通滤波的方法获取其周期在 2～5 年的波动。滑动窗口选择两年。

图中蓝色线表示原始数据序列，红色线表示滤波以后的数据序列。

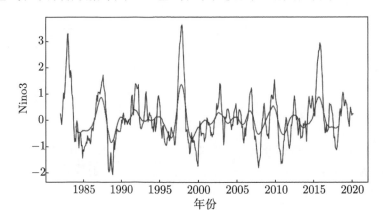

12.6　自设计带通滤波器

1) 功能：自设计带通滤波器，过滤出中心频率为 f_0，频率范围为 $\dfrac{f_0}{2} \leqslant f \leqslant 2f_0$ 的波动。

2) 方法说明：对样本量为 n 的序列 x，过滤出中心频率为 f_0，频率范围为 $\dfrac{f_0}{2} \leqslant f \leqslant 2f_0$ 的波动。过滤后的时间序列 y，在 f_0 频率振动上无任何削弱，在 $\dfrac{f_0}{2} \leqslant f \leqslant 2f_0$ 频率范围振动削弱较小。其计算公式为

$$y_i = \sum_{k=-m}^{k=m} h_k x_{k+i}$$

$$h_k = \frac{1}{n} \sum_{f=\frac{1}{3n}}^{f=\frac{1}{2}} H(f) \cos(2\pi f k) \quad (k = 0, \pm 1, \pm 2, \cdots, \pm m)$$

$$H(f) = \begin{cases} 0 & \left(0 < f < \dfrac{f_0}{2}\right) \\[2mm] \dfrac{1}{2} + \dfrac{1}{2} \cos 2\pi \dfrac{f}{f_0} & \left(\dfrac{f_0}{2} \leqslant f < f_0\right) \\[2mm] \dfrac{1}{2} - \dfrac{1}{2} \cos 2\pi \dfrac{f}{2f_0} & (f_0 \leqslant f < 2f_0) \\[2mm] 0 & \left(2f_0 < f < \dfrac{1}{2}\right) \end{cases}$$

通常，h_k 随着 k 的增加而迅速减小。m 为取样窗口，m 的值按分析问题的实际需要选取，m 的值越大，滤波器的频率响应函数越接近于理想频率响应函数。滤波后的时间序列在两端各有 m 个格点的长度损失，滤波后时间序列 (y) 的长度为 $n - 2m$。在实际应用中，通常选择不同的 m，然后比较滤波以后的效果，从而选择长度损失较小，滤波效果也较好的取样窗口值。

3) 方法：

```
self_designed(a, freq, win)
```

参数说明：

	参数名称	参数说明
输入参数	a	数组，输入序列，一维
	freq	数字，频率
	win	整数，滑动窗口
输出参数	output	数组，滤波结果

4) 案例说明：给定 1980 年 1 月至 2020 年 3 月的 Nino3 指数，设计滤波器，获取以中心频率为 $f_0 = \dfrac{1}{4}$年$\left(\text{由于该数据为逐月数据，输入 } f_0 = \dfrac{1}{48}\right)$，滑动窗口取 6，频率范

围为 $\dfrac{f_0}{2} \leqslant f \leqslant 2f_0$ 的振动。

图中蓝色线表示原始数据序列，红色线表示滤波以后的数据序列。

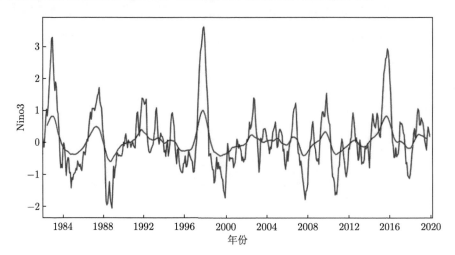

第 13 章 聚 类 分 析

聚类分析是根据事物本身特性来研究个体分类的统计方法，按照物以类聚的原则来研究事物分类。它能够将物理或抽象对象的集合分为由类似对象组成的多个类，是一种重要的人类行为。聚类分析是将数据集分类至不同的类或者簇这样的一个过程，所以同一个簇中的对象有很大的相似性，而不同簇间的对象有很大的向异性，聚类分析的目标就是在相似的基础上收集数据来分类。它是搜索簇的无监督学习过程。常用的聚类分析方法包括 K-Means 聚类算法、层次聚类算法、SOM 聚类算法和 FCM 聚类算法等。

13.1 K-Means 聚类算法

1) 功能：作为无监督聚类算法中的代表——K-Means 聚类算法，主要作用是将相似的样本自动归到一个类别中。所谓的监督算法就是输入样本没有对应的输出或标签。聚类试图将数据集中的样本划分为若干个通常不相交的子集，每个子集称为一个"簇"，聚类既能作为一个单独过程，用于找寻数据内在的分布结构，也能作为分类等其他学习任务的前期过程。

2) 方法说明：K-Means 聚类算法的核心思想是把 n 个数据对象划分为 k 个类，使得划分后每个类中的数据点到该类中心的距离最小。

假定给定数据样本 X，包含了 n 个对象 $X = \{x_1, x_2, x_3, \cdots, x_n\}$，其中每个对象都具有 m 个维度的属性。K-Means 聚类算法的目标是将 n 个对象依据对象间的相似性聚类到指定的 k 个类簇中，每个对象属于且仅属于一个其到类簇中心距离（距离后文中将会给出公式）最小的类簇中。对于 K-Means 聚类算法而言，首先需要初始化 k 个聚类中心 $\{C_1, C_2, C_3, \cdots, C_k\}$，$1 < k \leqslant n$，然后通过计算每一个对象到每一个聚类中心的距离，本书中选取欧氏距离，如下所示：

$$\text{dist}\{X_i, C_j\} = \sqrt{\sum_{t=1}^{m}(X_{it} - C_{jt})^2}$$

式中，X_i 表示第 i 个对象 $(1 \leqslant i \leqslant n)$；$C_j$ 表示第 j 个聚类中心 $(1 \leqslant j \leqslant n)$；$X_{it}$ 表示第 i 个对象的第 t 个属性；C_{jt} 表示第 j 个聚类中心的第 t 个属性。

然后依次比较每一个对象到每一个聚类中心的距离，将对象分配到距离最近的聚类中心的类簇中，得到 k 个类簇 $\{S_1, S_2, S_3, \cdots, S_k\}$。K-Means 聚类算法用中心定义了类簇的原型，类簇中心就是类簇内所有对象在各个维度的均值，其计算公式如下：

$$C_p = \frac{\sum X_i \in S_p X_i}{|S_p|}$$

式中，C_p 表示第 p 个聚类的中心 $(1 \leqslant p \leqslant k)$；$|S_p|$ 表示第 p 个类簇中对象的个数；$|X_i|$ 表示第 p 个类簇中的第 i 个对象。

基本步骤:

输入,聚类簇数 k(表示希望将数据集经过聚类得到 k 个分组),以及包含 n 个数据对象的数据集 $D = \{x_1, x_2, x_3, \cdots, x_n\}$。

输出,k 个聚类的划分情况。

步骤:

步骤一,从数据集 $D = \{x_1, x_2, x_3, \cdots, x_n\}$ 的 n 个数据对象中任意选取 k 个对象 $D = \{\mu_1, \mu_2, \mu_3, \cdots, \mu_n\}$ 作为初始的聚类中心点,即初始均值向量,且每个数据对象对应于一个簇。

步骤二,分别计算每个对象到各个聚类中心点的欧氏距离,然后将对象分配到距离最近的聚类中心,这样就形成了 k 个簇。欧氏距离公式为

$$\text{dist}(X_i, C_j) = \sqrt{\sum_{t=1}^{m} (X_{it} - X_{jt})^2}$$

步骤三,所有对象分配完成后,重新计算 k 个聚类(簇)的中心点(该类所有数据的均值)。

$$\text{Center}_k = \frac{1}{|C_k|} \sum_{x_i \in C_k} x_i$$

式中,C_k 表示第 k 类;$|C_k|$ 表示第 k 类中数据对象的个数。

步骤四,与前一次计算得到的 k 个聚类中心比较,检测是否收敛,如果聚类中心发生变化,代表未收敛,转至步骤二,否则聚类结束。

3) 程序语句:

```
class sklearn.cluster.KMeans(
    n_clusters = 8, *, init = 'k-means++', n_init = 10, max_iter = 300,
    tol = 0.0001, precompute_distances = 'deprecated', verbose = 0,
    random_state = None, copy_x = True, n_jobs = 'deprecated', algorithm = 'auto'
)
```

参数说明:

参数名称	参数说明
n_cluster	整数,默认为 8
init	可选'k-means++', 'random',默认为'k-means++'
n_init	整数,默认为 10
max_iter	整数,默认为 300,单次运行 k-means 算法最大迭代次数
tol	浮点数,默认为 1e-4
precompute_distances	可选'auto', True, False,预计算距离 (更快,但占用更多内存)
verbose	整数,默认为 0
random_state	整数,默认为 None,确定质心初始化的随机数生成。使用整数使随机性具有确定性
copy_x	布尔类型,默认为 True,在预先计算距离时,先确定数据居中。若 copy_x 为 True,则不修改原始数据。若为 False,则修改原始数据
n_jobs	整数,默认为 None,用于并行计算的 OPENMP 线程数。None 或-1 表示使用所有线程
algorithm	可选'auto', 'full', 'elkan',默认为'auto'

4) 属性:

属性名称	属性说明
cluster_centers_	ndarray 数组的形状
labels_	标签
inertia_	浮点数,样本到其最近的聚类中心的距离平方的总和
n_iter_	整数,迭代次数

5) 案例:

站点	2019 年 6 月雨日	2019 年夏季暴雨日
成都 P1	0	0
哈尔滨 P2	1	2
昆明 P3	3	1
广州 P4	8	8
南京 P5	9	10
合肥 P6	10	7

令 $k = 2$,即将数据对象分为两组,且随机选取两个点:成都和哈尔滨。

通过欧氏距离公式计算剩余站点分别到这两个点的距离 (km):

站点	P1	P2
P3	3.16	2.24
P4	11.3	9.22
P5	13.5	11.3
P6	12.2	10.3

第一次分组结果:

第一组,P1;

第二组,P2、P3、P4、P5、P6。

分别计算第一组和第二组的质心:

第一组的质心坐标还是 P1= (0, 0);

第二组的质心坐标为 PP=((1+3+8+9+10) /5,(2+1+8+10+7) /5)= (6.2, 5.6)。

再次计算每个点到质心的距离 (km):

站点	P1	PP
P2	2.24	6.3246
P3	3.16	5.6036
P4	11.3	3
P5	13.5	5.2154
P6	12.2	4.0497

第二次分组结果:

第 A 组,P1、P2、P3;

第 B 组,P4、P5、P6。

再次计算质心:

PA= (1.33, 1);

PB= （9，8.33）。

再次计算每个点到质心的距离 (km)：

站点	PA	PB
P1	1.4	12
P2	0.6	10
P3	1.4	9.5
P4	47	1.1
P5	70	1.7
P6	56	1.7

第三次分组结果：

第 A 组，P1、P2、P3；

第 B 组，P4、P5、P6。

可以发现，第三次分组结果与第二次分组结果保持一致，说明已经收敛，聚类结束。

答案：

第 A 组，P1、P2、P3；第 B 组，P4、P5、P6。

13.2 层次聚类算法

1) 功能：13.1 节 K-means 聚类算法是一种方便好用的聚类算法，但是始终有 k 值选择和初始聚类中心点选择的问题，而这些问题也会影响聚类的效果。为了避免这些问题，我们可以选择另一种比较实用的聚类算法——层次聚类算法。顾名思义，层次聚类就是一层一层的进行聚类，可以由上向下把大的类别进行分割，叫作分裂法；也可以由下向上把小的类别进行聚合，叫作凝聚法；但一般用得比较多的是由下向上的凝聚的层次聚类算法。本书将主要介绍凝聚的层次聚类算法，即 AGNES（AGglomerative NESting）算法。

2) 方法说明：凝聚的层次聚类算法指的是初始时将每个样本点当作一个类簇，所以原始类簇的大小等于样本点的个数，然后依据某种准则合并这些初始的类簇，直到达到某种条件或者达到设定的分类数目。

基本步骤：

输入，样本集合 D （n 个对象），聚类数目或者某个条件（一般是样本距离的阈值，这样就可不设置聚类数目）。

输出，聚类的结果。

步骤：

步骤一，将样本集合 D 中的所有样本点均当做一个独立的类簇。

步骤二，重复。

步骤三，计算每两个类簇之间的距离（后文将详细介绍距离的计算方法），找到距离最小或最相似的两个类簇 c_1 和 c_2。

步骤四，合并类簇 c_1 和 c_2 为一个类簇。

步骤五，重复上述步骤，直到达到聚类的数目或者达到设定的条件为止。其中，步骤三中的距离度量一般采用下面四种常用距离。

最小距离（single linkage）：

$$\text{dist}(c_1, c_2) = \min_{p_1 \in c_1, p_2 \in c_2} |p_1 - p_2|$$

即将两个类簇中距离最近的两个对象间的距离作为这两个类簇之间的距离。

最大距离（complete linkage）：

$$\text{dist}(c_1, c_2) = \max_{p_1 \in c_1, p_2 \in c_2} |p_1 - p_2|$$

即将两个类簇中距离最远的两个对象间的距离作为这两个类簇之间的距离。

均值距离（centroid linkage）：求出两个簇的均值 m_1、m_2，将这两个对象间的距离作为这两个簇之间的距离，其表达式为 $|m_1 - m_2|$。

平均距离（average linkage）：

$$\text{dist}(c_1, c_2) = \frac{1}{n_1 \cdot n_2} \sum_{p_1 \in c_1, p_2 \in c_2} |p_1 - p_2|$$

即将两个簇中对象间距离的平均值作为这两个簇之间的距离。

最小距离、最大距离、均值距离和平均距离示意如下图所示：

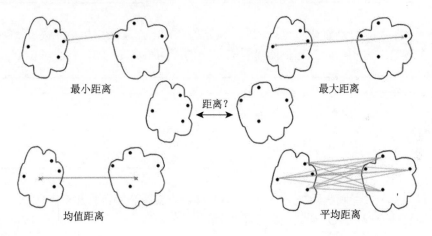

3) 程序语句：

```
class HierarchicalClustering(a, metric)
```

参考说明：

参数名称	参数说明
a	数组，序列
metric	字符串，样本距离计算方法，可选包括'braycurtis'，'canberra'，'chebyshev'，'cityblock'，'correlation'，'cosine'，'dice'，'euclidean'，'hamming'，'jaccard'，'jensenshannon'，'kulsinski'，'mahalanobis'，'matching'，'minkowski'，'rogerstanimoto'，'russellrao'，'seuclidean'，'sokalmichener'，'sokalsneath'，'sqeuclidean'，'yule'

4) 方法:

聚类分析

```
__call__()
```

5) 属性:

属性名称	说明
cluster	分类标签

6) 案例:

如下表所示, 通过最小距离方法对样本点进行凝聚的层次聚类, 设定聚类数目为 3 个。

样本	X1	X2
1	10	5
2	20	20
3	30	10
4	30	15
5	30	10

先将五个样本都分别看成一个簇, 经过计算各个样本点之间的最小距离 $\mathrm{dist}(c_1, c_2)$, 最靠近的两个簇是 3 和 4, 因为它们两者具有最小的簇间距离 D（3，4）=5.0。

样本	1	2	3	4	5
1	0.00	—	—	—	—
2	18.0	0.00	—	—	—
3	20.6	14.1	0.00	—	—
4	22.4	11.2	5.0	0.00	—
5	7.07	18.0	25.0	25.5	0.00

合并簇 3 和 4, 得到新簇集合 1, 2,（34）, 5。更新距离矩阵, 原有簇 1, 2, 5 间的距离不变, 分别更新新簇（34）到其他各簇的距离。

$$D(1, (34)) = \min(D(1,3), D(1,4)) = \min(20.6, 22.4) = 20.6$$
$$D(2, (34)) = \min(D(2,3), D(2,4)) = \min(14.1, 11.2) = 11.2$$
$$D(5, (34)) = \min(D(3,5), D(4,5)) = \min(25.0, 25.5) = 25.0$$

修改后的距离矩阵如下表所示:

样本	1	2	5	(34)
1	0.00	—	—	—
2	18.0	0.00	—	—
5	7.07	18.0	0.00	—
(34)	20.6	11.2	25.0	0.00

在四个簇 1, 2,（34）, 5 中, 最靠近的两个簇是 1 和 5, 它们两者具有最小簇间距离 D（1,5）=7.07。因此, 合并簇 1 和 5, 得到新簇集合 2,（34）,（15）。

13.3　SOM 聚类算法

1) 功能：SOM（self-organizing mapping）神经网络是由芬兰神经网络专家 Kohonen 教授提出的，它是无监督的神经网络，模仿了人脑神经元的相关属性，SOM 网络的拓扑结构包含输入层和输出层，输入层节点的数目同输入向量的维数相同，每个输入节点都同所有的输出节点相连接。二维阵列 SOM 网格模型如下图所示：

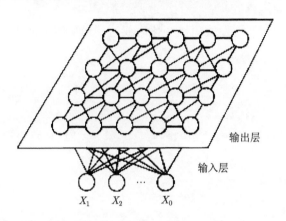

2) 方法说明：SOM 聚类算法的基本思想很简单，本质上是一种只有输入层–隐藏层的神经网络。

SOM 网络的运行分为训练和测试两个阶段。在训练阶段，外部的训练数据集随机地输入网络。对于某个特定的输入模式，输出层某个节点上的神经元会产生最大响应而获胜。在训练初始阶段，输出层哪个节点的神经元将对哪类输入模式产生最大响应是不确定的。当输入模式的类别改变时，二维平面的获胜神经元也会改变。获胜神经元周围的神经元因侧向相互兴奋作用也产生较大的响应，于是获胜神经元连同其邻域内所有神经元的权值向量都向输入向量的方向作出不同程度的调整，调整力度随邻域内神经元与获胜神经元距离的增加而逐渐衰减。网络以这种自组织的方式，经过不断迭代更新输出层神经元的权值，最终使得输出层各神经元成为对特定模式类敏感的神经细胞，此时它们的内星权向量便代表了各输入模式类的中心向量。SOM 网络所具有的拓扑结构，使得当两个模式类的特征接近时，代表这两个模式类的神经元在网络上的位置也接近，从而在输出层能够形成反映样本模式类分布情况的有序特征图。SOM 网络训练结束后，输出层各神经元与输入模式类的特定关系就完全确定了，因此可用作模式分类器。

在测试阶段，当输入某一模式时，网络输出层代表该模式类的神经元将产生最大响应而获胜，从而实现输入模式的自动归类。

假定输入向量 x_k 维数为 m，输出节点数为 $N(N = n \times n)$，下面是所采用的 SOM 聚类算法的步骤。

步骤一，初始化：时间步长 $n = 0, 1, 2, \cdots$，输出节点权值向量初始值 $\hat{\omega}_j(0)$，向量各元素可选区间（0,1）上的随机值；学习率初始值 $\eta(0)$ 可以取大一些，接近 1；邻域半径 $\sigma(n)$ 的设置尽量包含较多的邻神经元。

步骤二，对于样本集合中每个输入向量 $\hat{\boldsymbol{x}}$，求竞争获胜神经元 $i(\hat{\boldsymbol{x}})$：

$$i(\hat{\boldsymbol{x}}) = \arg\min_j \|\hat{x}_k - \hat{\omega}_j\|, j = 1, 2, \cdots, l$$

式中，l 为输出神经元的数目。

步骤三，更新权值：$\hat{\omega}_j(n+1) = \hat{\omega}_j(n) + \eta(n)h_{i(\hat{\boldsymbol{x}}),j}(n)[\hat{\boldsymbol{x}} - \hat{\omega}_j(n)]$。

步骤四，更新学习速率 $\eta(n)$：$\eta(n) = \eta_0 \varrho^{-n/\tau_2}$。

步骤五，更新近邻函数值：$h_{i(\hat{\boldsymbol{x}}),j}(n) = \varrho^{-d_{i,j}^2/2\sigma^2(n)}$。

步骤六，当特征映射不再发生明显变化时或达到最大网络训练次数时退出，否则转入步骤二，令 $n = n + 1$。

3) 语句：

```
class SOM(
    x, y, input_len, sigma=1.0, learning_rate=0.5, decay_function=som.
    asymptotic_decay,   neighborhood_function='gaussian',
    random_seed=None
)
```

参数说明：

参数名称	参数说明
x	整数，输入序列
y	整数，输入序列
input_len	整数，输入序列的特征个数
sigma	浮点数 (可选)，默认值为 1.0
learning_rate	初始学习率
decay_function	在每次迭代中减小学习率和 sigma 的函数，默认函数是 learning_rate/ (1+t/ (max_iterarations/2))，一个自定义的 decay_function 需要接受以下输入三个参数，顺序如下：学习率，当前迭代，允许的最大迭代次数
neighborhood_function	函数 (可选)，默认是 gaussian
random_seed	整数 (可选)，随机种子，默认值为 None

4) 方法：

```
pca_weights_init(data)
```

参数说明：

参数名称	参数说明
data	输入序列

```
train_batch(data, num_iteration, verbose=False)
```

参数说明：

参数名称	参数说明
data	输入序列
num_iteration	计算轮数
verbose	是否每一次计算都输出，默认值为 False

5) 案例：将下列各模式分为两类。

$$\boldsymbol{X}_1 = \begin{bmatrix} 0.8 \\ 0.6 \end{bmatrix}, \quad \boldsymbol{X}_2 = \begin{bmatrix} 0.1736 \\ -0.9848 \end{bmatrix}, \quad \boldsymbol{X}_3 = \begin{bmatrix} 0.707 \\ 0.707 \end{bmatrix}, \quad \boldsymbol{X}_4 = \begin{bmatrix} 0.342 \\ -0.9397 \end{bmatrix}, \quad \boldsymbol{X}_5 = \begin{bmatrix} 0.6 \\ 0.8 \end{bmatrix}$$

学习率 $\alpha = 0.5$。

为了作图方便，将上述模式转换为极坐标形式：$\boldsymbol{X}_1 = 1\angle 36.89°$，$\boldsymbol{X}_2 = 1\angle -80°$，$\boldsymbol{X}_3 = 1\angle 45°$，$\boldsymbol{X}_4 = 1\angle -70°$，$\boldsymbol{X}_5 = 1\angle 53.13°$。模式向量如下图所示：

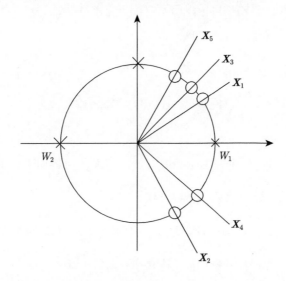

要求将各模式分为两类，则竞争层为两个神经元，设两个权向量，随机初始化为单元向量 $\boldsymbol{W}_1(0) = (1,0) = 1\angle 0°$，$\boldsymbol{W}_2(0) = (-1,0) = 1\angle 180°$，其竞争学习过程如下：

$\boldsymbol{X}_1$

$$d_1 = \|\boldsymbol{X}_1 - \boldsymbol{W}_1(0)\| = 1\angle 36.89°, \quad d_2 = \|\boldsymbol{X}_2 - \boldsymbol{W}_1(0)\| = 1\angle 216.89°$$

$d_1 < d_2$，神经元 1 获胜，$\boldsymbol{W}_1$ 调整。

$$\boldsymbol{W}_1(1) = \boldsymbol{W}_1(0) + \alpha[\boldsymbol{X}_1 - \boldsymbol{W}_1(0)] = 0 + 0.5 \times 36.89 = 1\angle 18.43°$$

$$\boldsymbol{W}_2(1) = \boldsymbol{W}_2(0) = 1\angle -180°$$

$\boldsymbol{X}_2$

$$d_1 = \|\boldsymbol{X}_2 - \boldsymbol{W}_1(1)\| = 1\angle 98.43°, \quad d_2 = \|\boldsymbol{X}_2 - \boldsymbol{W}_2(1)\| = 1\angle 100°$$

$d_1 < d_2$，神经元 1 获胜，$\boldsymbol{W}_1$ 调整。

$$\boldsymbol{W}_1(2) = \boldsymbol{W}_1(1) + \alpha[\boldsymbol{X}_2 - \boldsymbol{W}_1(1)] = 18.43 + 0.5 \times (-80 - 18.43) = 1\angle 30.8°$$

$$\boldsymbol{W}_2(2) = \boldsymbol{W}_2(1) = 1\angle -180°$$

$\boldsymbol{X}_3$

$$d_1 = \|\boldsymbol{X}_3 - \boldsymbol{W}_1(2)\| = 1\angle 75.8°, \quad d_2 = \|\boldsymbol{X}_3 - \boldsymbol{W}_2(2)\| = 1\angle 225°$$

$d_1 < d_2$，神经元 1 获胜，$\boldsymbol{W}_1$ 调整。

$$\boldsymbol{W}_1(3) = \boldsymbol{W}_1(2) + \alpha[\boldsymbol{X}_3 - \boldsymbol{W}_1(2)] = -30.8 + 0.5 \times (45 + 30.8) = 1\angle 7°$$

$$\boldsymbol{W}_2(3) = \boldsymbol{W}_2(2) = 1\angle -180°$$

$\boldsymbol{X}_4$

$$d_1 = \|\boldsymbol{X}_4 - \boldsymbol{W}_1(3)\| = 1\angle 77°, \quad d_2 = \|\boldsymbol{X}_4 - \boldsymbol{W}_2(3)\| = 1\angle 110°$$

$d_1 < d_2$，神经元 1 获胜，$\boldsymbol{W}_1$ 调整。

$$\boldsymbol{W}_1(4) = \boldsymbol{W}_1(3) + \alpha[\boldsymbol{X}_4 - \boldsymbol{W}_1(3)] = 7 + 0.5 \times (-70 - 7) = 1\angle -31.5°$$

$$\boldsymbol{W}_2(4) = \boldsymbol{W}_2(3) = 1\angle -180°$$

$\boldsymbol{X}_5$

$$d_1 = \|\boldsymbol{X}_5 - \boldsymbol{W}_1(4)\| = 1\angle 84.63°, \quad d_2 = \|\boldsymbol{X}_5 - \boldsymbol{W}_2(4)\| = 1\angle 126.87°$$

$d_1 < d_2$，神经元 1 获胜，$\boldsymbol{W}_1$ 调整。

$$\boldsymbol{W}_1(5) = \boldsymbol{W}_1(4) + \alpha[\boldsymbol{X}_5 - \boldsymbol{W}_1(4)] = -31.5 + 0.5 \times (53.13 + 31.5) = 1\angle 11°$$

$$\boldsymbol{W}_2(5) = \boldsymbol{W}_2(4) = 1\angle -180°$$

$\boldsymbol{X}_1$

$$d_1 = \|\boldsymbol{X}_1 - \boldsymbol{W}_1(5)\| = 1\angle 25.89°, \quad d_2 = \|\boldsymbol{X}_1 - \boldsymbol{W}_2(5)\| = 1\angle 216.89°$$

$d_1 < d_2$，神经元 1 获胜，$\boldsymbol{W}_1$ 调整。

$$\boldsymbol{W}_1(6) = \boldsymbol{W}_1(5) + \alpha[\boldsymbol{X}_1 - \boldsymbol{W}_1(5)] = 11 + 0.5 \times (25.89) = 1\angle 24°$$

$$\boldsymbol{W}_2(6) = \boldsymbol{W}_2(5) = 1\angle -180°$$

$\boldsymbol{X}_2$

$$d_1 = \|\boldsymbol{X}_2 - \boldsymbol{W}_1(6)\| = 1\angle 104°, \quad d_2 = \|\boldsymbol{X}_2 - \boldsymbol{W}_2(6)\| = 1\angle 100°$$

$d_2 < d_1$，神经元 2 获胜，$\boldsymbol{W}_2$ 调整。

$$\boldsymbol{W}_2(7) = \boldsymbol{W}_2(6) + \alpha[\boldsymbol{X}_2 - \boldsymbol{W}_2(6)] = -180 + 0.5 \times (-80 + 180) = 1\angle -130°$$

$$\boldsymbol{W}_1(7) = \boldsymbol{W}_1(6) = 1\angle 24°$$

$\boldsymbol{X}_3$

$$d_1 = \|\boldsymbol{X}_3 - \boldsymbol{W}_1(7)\| = 1\angle 21°, \ d_2 = \|\boldsymbol{X}_3 - \boldsymbol{W}_2(7)\| = 1\angle 175°$$

$d_1 < d_2$，神经元 1 获胜，$\boldsymbol{W}_1$ 调整。

$$\boldsymbol{W}_1(8) = \boldsymbol{W}_1(7) + \alpha[\boldsymbol{X}_3 - \boldsymbol{W}_1(7)] = 24 + 0.5 \times (45 - 24) \approx 1\angle 34°$$

$$\boldsymbol{W}_2(8) = \boldsymbol{W}_2(7) = 1\angle -130°$$

$\boldsymbol{X}_4$

$$d_1 = \|\boldsymbol{X}_4 - \boldsymbol{W}_1(8)\| = 1\angle 104°, \ d_2 = \|\boldsymbol{X}_4 - \boldsymbol{W}_2(8)\| = 1\angle 60°$$

$d_2 < d_1$，神经元 2 获胜，$\boldsymbol{W}_2$ 调整。

$$\boldsymbol{W}_2(9) = \boldsymbol{W}_2(8) + \alpha[\boldsymbol{X}_4 - \boldsymbol{W}_2(8)] = -130 + 0.5 \times (-70 + 130) = 1\angle -100°$$

$$\boldsymbol{W}_1(9) = \boldsymbol{W}_1(8) = 1\angle 34°$$

$\boldsymbol{X}_5$

$$d_1 = \|\boldsymbol{X}_5 - \boldsymbol{W}_1(9)\| = 1\angle 19.13°, d_2 = \|\boldsymbol{X}_5 - \boldsymbol{W}_2(9)\| = 1\angle 153.13°$$

$d_1 < d_2$，神经元 1 获胜，$\boldsymbol{W}_1$ 调整。

$$\boldsymbol{W}_1(10) = \boldsymbol{W}_1(9) + \alpha[\boldsymbol{X}_5 - \boldsymbol{W}_1(9)] = 34 + 0.5 \times (53.13 - 34) = 1\angle 44°$$

$$\boldsymbol{W}_2(10) = \boldsymbol{W}_2(9) = 1\angle -100°$$

一直循环计算下去，其前 20 次学习结果见下表。从表中可以看出，在运算学习 20 次后，网络权值 $\boldsymbol{W}_1$、$\boldsymbol{W}_2$ 趋于稳定，$\boldsymbol{W}_1 \to 45°$，$\boldsymbol{W}_2 \to 75°$。

学习次数	$\boldsymbol{W}_1$	$\boldsymbol{W}_2$	学习次数	$\boldsymbol{W}_1$	$\boldsymbol{W}_2$
1	18.43°	−180°	11	40.5°	−100°
2	−30.8°	−180°	12	40.5°	−90°
3	7°	−180°	13	43°	−90°
4	−32°	−180°	14	43°	−81°
5	11°	−180°	15	47.5°	−81°
6	24°	−180°	16	42°	−81°
7	24°	−130°	17	42°	−80.5°
8	34°	−130°	18	43.5°	−80.5°
9	34°	−100°	19	43.5°	−75°
10	44°	−100°	20	48.5°	−75°

同时我们还可以得到如下结论：

当 $\boldsymbol{W}_1$ 调整时，$\boldsymbol{W}_2$ 不变，反之亦然，每次只有一个神经元获胜。

$\boldsymbol{X}_1$、$\boldsymbol{X}_2$、$\boldsymbol{X}_5$ 属于同一模式，其中心向量为 $\frac{1}{3}(\boldsymbol{X}_1 + \boldsymbol{X}_2 + \boldsymbol{X}_3) = 45°$；$\boldsymbol{X}_2$、$\boldsymbol{X}_4$ 属于同一模式，其中心向量为 $\frac{1}{2}(\boldsymbol{X}_2 + \boldsymbol{X}_4) = 1\angle -75°$。

若学习率 α 为常数，$\boldsymbol{W}_1$、$\boldsymbol{W}_2$ 将在中心向量附近摆动，永远不会收敛。

答案：$\boldsymbol{X}_1$、$\boldsymbol{X}_2$、$\boldsymbol{X}_5$ 属于同一模式；$\boldsymbol{X}_2$、$\boldsymbol{X}_4$ 属于同一模式。

13.4 FCM 聚类算法

1) 功能：模糊 C 均值（fuzzy C-means，FCM）聚类算法是典型的模糊聚类算法，该算法在传统 C 均值算法中应用了模糊技术，被实践证明是最有效的聚类方法之一，亦是目前比较流行的一种模糊聚类算法。FCM 聚类算法首先是由 Ruspini 提出来的，后来 Dunn 与 Bezdek 将 Ruspini 算法从硬聚类算法推广成模糊聚类算法。FCM 聚类算法是基于对目标函数的优化基础上的一种数据聚类方法。聚类结果是每一个数据点对聚类中心的隶属度，该隶属度用一个数值来表示。FCM 聚类算法是一种无监督的模糊聚类方法，在算法实现过程中不需要人为干预。

2) 方法说明：基于最小化的目标函数。

$$J_m = \sum_{i=1}^{N} \sum_{j=1}^{C} v_{ij}^m \|x_i - c_j\|^2$$

式中，m 为任何大于 1 的实数，即 $m \in [1, +\infty)$，称为加权指数，又称为平滑参数；v_{ij} 为 x_i 在类 j 上隶属度；x_i 为第 i 个 D 维测量向量；c_j 为一个 D 维的类中心。

FCM 聚类算法主要通过迭代更新 v 和 c 来得到最终的解。迭代终点一般选取两个：当 v 变化的无穷范数小于某个值时；当迭代次数达到某个极限时。这个过程可能会收敛至局部最小值或者鞍点上。

基本步骤：

设有 n 个评价对象 $S_n = \{s_1, s_2, \cdots, s_n\}$，每个评价对象有 m 个属性 $B_m = \{B_1, B_2, \cdots, B_m\}$，$n$ 个评价对象 m 个属性的评价值为 $X = \{x_{ij}\}(i = 1, 2, \cdots, n; j = 1, 2, \cdots, m)$。其中，$x_{ij}$ 为第 i 个评价对象第 j 个评价指标的评价值。若将 n 个评价对象分成 c 个不同的类别，设这 c 个类别的中心为 $V = \{c_1, c_2, \cdots, c_c\}$，评价对象 s_j 与类别中心 c_i 的距离为

$$d_{ij} = \|s_j - c_i\| = \sqrt{\sum_{k=1}^{m} (x_{jk} - c_{ik})^2}$$

设评价对象 s_j 属于第 i 个类别 c_i 的隶属度为 v_{ij}，且满足 $\sum_{i=1}^{c} v_{ij} = 1$。模糊 C 均值聚类的准则是使目标函数 $J(U, V)$ 的值最小，即

$$\min J(U, V) = \sum_{i=1}^{c} v^\rho d_{ij}^2$$

式中，ρ 为模糊因子，一般取 $\rho = 2.0$。

模糊 C 均值聚类的具体步骤如下。

步骤一，初始化：给定聚类类别数目 c，模糊因子值 ρ，设定迭代终止阈值 ε，最大迭代次数 T。

步骤二，更新隶属度函数：

$$v_{ij} = 1 \Big/ \sum_{k=1}^{c} \left(\frac{d_{ij}}{d_{kj}} \right)^{2/(\rho-1)}$$

步骤三，更新聚类中心：

$$c_i = \frac{\sum\limits_{j=1}^{m} \upsilon_{ij}^{\rho} s_j}{\sum\limits_{j=1}^{m} \upsilon_{ij}^{\rho}}$$

步骤四，判断是否满足终止条件：若 $\|J_{t+1} - J_t\| < \varepsilon$ 或达到最大迭代次数 T，则停止运行，输出结果。否则，令 $t = t+1$，返回步骤三。FCM 聚类算法的流程如下图所示。

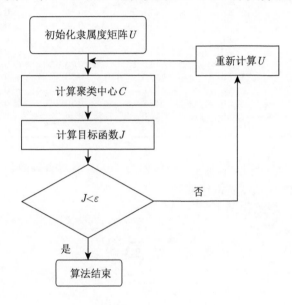

3) 方法：

```
skfuzzy.cmeans(data, c, m, error, maxiter, init=None, seed=None)
```

参数说明：

	参数名称	参数说明
输入参数	data	二维数组，进行聚类的数据。N 为数据集的数量；S 为每个样本向量内的特征数
	c	整数，分类个数
	m	浮点数，分类维度
	error	浮点数，最大误差，当 $(u[p] - u[p-1])$ 的范数小于 error 时停止
	maxiter	整数，允许的最大迭代次数
	init	二维数组，初始矩阵
	seed	整数，随机数种子
	cntr	聚类中心
	u	最后隶属度矩阵
	$u0$	初始化的隶属度矩阵
输出参数	d	最终的每个数据点到各个中心的欧氏距离矩阵
	jm	目标函数优化的历史
	p	迭代次数
	fpc	fuzzy partition coefficient，评价分类好坏的指标，0~1

4) 案例：以武汉某三个水厂取水口的水质为研究对象，对三个水厂每周取样一次，连续五周的检测结果见下表。

样本	pH P_1	溶氧量 P_2/(mg/L)	高锰酸钾 P_3/(mg/L)	化学需氧量 P_4/(mg/L)	氨氮 P_5/(mg/L)	总磷 P_6/(mg/L)	总氮 P_7/(mg/L)
s_1	6.1	5.8	3.1	17.3	0.25	0.087	0.49
s_2	8.1	6.2	3.9	16.6	0.27	0.070	0.35
s_3	7.2	7.9	2.8	15.4	0.18	0.061	0.28
s_4	6.3	6.0	3.3	16.5	0.29	0.078	0.31
s_5	8.0	6.4	4.1	17.3	0.31	0.080	0.45
s_6	6.8	8.1	2.5	15.8	0.24	0.058	0.29
s_7	8.3	5.7	4.3	16.8	0.34	0.091	0.41
s_8	6.0	6.5	3.7	17.5	0.38	0.093	0.43
s_9	7.3	8.3	2.7	15.7	0.22	0.056	0.34
s_{10}	7.7	6.8	2.9	15.9	0.23	0.063	0.36
s_{11}	7.9	7.5	4.0	16.3	0.33	0.077	0.39
s_{12}	6.7	7.8	3.5	15.6	0.20	0.079	0.37
s_{13}	7.5	7.4	2.6	16.2	0.19	0.066	0.30
s_{14}	7.7	6.6	3.6	16.6	0.26	0.069	0.32
s_{15}	6.1	6.1	3.8	17.4	0.37	0.090	0.44

在评价指标中，pH 为中间型指标（最佳值为 7.0），溶解氧为效益型指标，其余为成本型指标。首先分别按下式进行规范化处理。

对于效益型指标，规范化采用：

$$y_{ij} = \frac{x_{ij}}{\sqrt{\sum_{j=1}^{m} x_{ij}^2}}$$

对于成本型指标，规范化采用：

$$y_{ij} = \frac{\dfrac{1}{x_{ij}}}{\sqrt{\sum_{j=1}^{m} \left(\dfrac{1}{x_{ij}}\right)^2}}$$

对于中间型指标，规范化采用：

$$y_{ij} = \begin{cases} \dfrac{x_{ij}}{\sqrt{\sum\limits_{j=1}^{m} x_{ij}^2}} & (x_{ij} < x_{oj}) \\[20pt] \dfrac{\dfrac{1}{x_{ij}}}{\sqrt{\sum\limits_{j=1}^{m} \left(\dfrac{1}{x_{ij}}\right)^2}} & (x_{ij} > x_{oj}) \end{cases}$$

根据有关标准结合生产实际经验，给出地表水 7 个评价指标的重要性评分：$P_1 = 10$，$P_2 = 9.75$，$P_3 = 9.5$，$P_4 = 9.25$，$P_5 = 9.0$，$P_6 = 8.75$，$P_7 = 8.5$。按式 $w_i = P_i / \sum\limits_{i=1}^{n} P_i$ 计算

得到这 7 个评价指标的权重分别为 $w_1 = 0.1544$，$w_2 = 0.1506$，$w_3 = 0.1467$，$w_4 = 0.1429$，$w_5 = 0.1390$，$w_6 = 0.1351$，$w_7 = 0.1313$。

根据式 $z_{ij} = y_{ij} \cdot w_i$（式中，$z_{ij}$ 为第 j 个评价对象第 i 个评价指标的加权规范化数据；w_i 为指标 B_i 的权重）计算加权规范化数据，再进行聚类。取阈值 $\varepsilon = 0.0001$，模糊影子 $\rho = 2.0$，最大迭代次数 $T = 30$，聚类数目 $c = 3$，据此得到各样本属于 3 个类别的隶属度，结果见下表，进一步得到如下表所示的分类结果。

样本	隶属度		
	v_1	v_2	v_3
s_1	0.114 683	0.535 975	0.349 342
s_2	0.031 840	0.078 756	0.889 403
s_3	0.856 694	0.044 583	0.098 723
s_4	0.113 079	0.399 308	0.487 613
s_5	0.060 113	0.538 26	0.401 627
s_6	0.688 177	0.106 525	0.205 298
s_7	0.045 89	0.704 287	0.249 823
s_8	0.036 254	0.840 698	0.123 048
s_9	0.848 992	0.045 840	0.105 167
s_{10}	0.541 188	0.100 064	0.358 747
s_{11}	0.089 396	0.368 665	0.541 939
s_{12}	0.311 159	0.221 442	0.467 399
s_{13}	0.907 114	0.028 246	0.064 640
s_{14}	0.087 503	0.081 502	0.830 995
s_{15}	0.030 879	0.859 871	0.109 250

类别	样本分类结果
Cluser1	s_3、s_6、s_9、s_{10}、s_{13}
Cluser2	s_1、s_5、s_7、s_8、s_{15}
Cluser3	s_2、s_4、s_{11}、s_{12}、s_{14}

聚类结果直观显示如下图所示，根据目标函数随迭代次数的变化结果可以看出：算法收敛很快，在迭代 10 次左右计算完毕。根据隶属度函数的情况，不仅可以知道样本归属的类别，还可以知道样本归属的类别程度。例如，样本 s_1，对 3 个类别的隶属度分别为

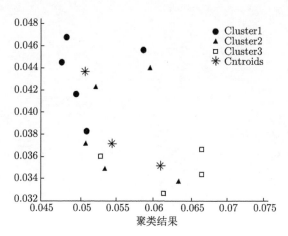

0.114 683、0.535 975 和 0.349 342，按照隶属度最大原则应划归至 Cluser2，但程度并不高，Cluser3 的隶属度也不小。

最后，判别类别的优劣。s_{13} 为 Cluser1 代表，s_1 为 Cluser2 代表，s_2 为 Cluser3 代表。

答案：

第一类，s_3、s_6、s_9、s_{10}、s_{13}。

第二类，s_1、s_5、s_7、s_8、s_{15}。

第三类，s_2、s_4、s_{11}、s_{12}、s_{14}。

第 14 章　判　别　分　析

判别分析又称为线性判别分析（linear discriminant analysis，LDA）产生于 20 世纪 30 年代，是利用已知类别的样本建立判别模型，为未知类别的样本判别的一种统计方法。近年来，判别分析在自然科学、社会学及经济管理学科中都有广泛的应用。判别分析的特点是根据已掌握的、历史上每个类别的若干样本的数据信息，总结出客观事物分类的规律性，建立判别公式和判别准则。当遇到新的样本点时，只要根据总结出来的判别公式和判别准则，就能判别该样本点所属的类别。常见的判别方法包括二级判别分析、距离判别法、贝叶斯判别法、费希尔 (Fisher) 判别法和逐步判别法。

14.1　二级判别分析

1) 功能：研究事物或预报对象有两种情况 A 与 B，如有无、冷暖、旱涝等，当不同的情况与其相关影响因子样本数量足够时，可构造判别函数，从而对类型做出判断。

2) 方法说明：某种情况的影响因子有 p 个，即 $x_k(k=1,2,\cdots,p)$，在 n 次观测中，发现情况 A 出现 n_A 次，则影响因子分别是 $x_{ki}^2 A^3(i=1,2,\cdots,n_A)$，情况 B 出现 n_B 次，则影响因子分别是 $x_{ki}^2 B^3(i=1,2,\cdots,n_B)$，构造线性组合的判别函数。

$$y = \sum_{k=1}^{p} C_k x_k$$

式中，C_k 为判别系数。

步骤一，利用费希尔准则，得到以下方组

$$\begin{cases} S_{11}C_1 + S_{12}C_2 + \cdots + S_{1p}C_p = \overline{x_1(A)} - \overline{x_1(B)} \\ S_{21}C_1 + S_{22}C_2 + \cdots + S_{2p}C_p = \overline{x_2(A)} - \overline{x_2(B)} \\ \quad\quad\quad\quad\quad\quad\quad\quad\quad\quad\vdots \\ S_{p1}C_1 + S_{p2}C_2 + \cdots + S_{pp}C_p = \overline{x_p(A)} - \overline{x_p(B)} \end{cases}$$

其中

$$S_{kl} = \sum_{i=1}^{n_A} [x_{ki}(A) - \overline{x_k(A)}][x_{li}(A) - \overline{x_l(A)}] + \sum_{i=1}^{n_B} [x_{Ki}(B) - \overline{x_k(B)}][x_{li}(B) - \overline{x_l(B)}]$$

式中，S_{kl} 为协方差，不同因子 k（A 类）与 l（B 类）的交叉积和，当 $k=l$ 时，

$$S_{kk} = \sum_{i=1}^{n_A} [x_{ki}(A) - \overline{x_k(A)}]^2 + \sum_{i=1}^{n_B} [x_{ki}(B) - \overline{x_k(B)}]^2$$

式中，S_{kk} 为总方差；$\overline{x_k(A)}$、$\overline{x_k(B)}$ $(k = 1, 2, \cdots, p)$ 分别为 A、B 两种情况各影响因子的平均值，解方程组可得到判别系数 C_k，获得判别函数 $y = \sum\limits_{k=1}^{p} C_k x_k$。

步骤二，建立判别指标 y_c。

利用加权平均

$$y_c = \frac{n_A \overline{y_A} + n_B \overline{y_B}}{n_A + n_B}$$

当 $\overline{y_A} > \overline{y_B}$，可认为 $y_i > y_c$ 为 A 类，$y_i < y_c$ 为 B 类。

步骤三，判别函数的统计检验。

计算统计量

$$F = \left(\frac{n_1 + n_2 - p - 1}{n_1 + n_2 - 2} \right) \left(\frac{n_1 n_2}{n_1 + n_2} \right) D^2$$

其中

$$D^2 = (n - 2) \sum_{k=1}^{p} c_k d_k$$

$$d_k = \overline{x_k(A)} - \overline{x_k(B)}$$

当 $F > F_\alpha$，则认为判别函数是显著的。

3) 语句：

```
sklearn.discriminant_analysis.QuadraticDiscriminantAnalysis(
    priors = None, reg_param = 0., store_covariance = False, tol = 1.0e-4
)
```

参数说明：

	参数名称	参数说明
	priors	数组（可选），形状 = [n_classes]，类的先验，默认值为 None
	reg_param	将协方差估计值正则化为 $(1-\text{reg\_param}) \times \text{Sigma} + \text{reg\_param} \times \text{np.eye(n\_features)}$
输入参数	store_covariance	bool 类型，默认值为 False，如果为 True，则将计算协方差矩阵并将其储存在 self.covariance_ 属性中
	tol	浮点数（可选），默认 1.0×10^{-4}，用于等级估计的阈值
输出参数	m	判别结果

4) 案例：某气象公司为推销某一新的海洋气象预报产品，将该产品之样品寄往 12 家气象业务单位，并附意见调查表，要求对该产品给予评估。评估的因素有预报准确性、预报时效性及预报系统的稳定性三项。评分表用 10 分制。最后并要求说明是否愿意购买，调查结果如见下表。假如某气象业务单位给出的评分预报准确性 $X_1 = 9$，预报时效性 $X_2 = 9$，系统稳定性 $X_3 = 6$，问该气象业务单位是否愿意购买该产品？

答案：该气象业务单位愿意购买该产品。

指标		海洋气象预报产品特性		
		预报准确性 X_1	预报时效性 X_2	系统稳定性 X_3
购买者	1	9	8	7
	2	7	6	6
	3	10	7	8
	4	8	4	5
	5	9	9	3
	6	8	6	7
	7	7	5	6
非购买者	1	4	4	4
	2	3	6	6
	3	6	3	3
	4	2	4	5
	5	1	2	2

14.2　距离判别法

1) 功能：距离判别法是最简单、最直观的一种判别方法，该方法是判别样品所属类别的一种应用性很强的多因素方法，其适用于连续型随机变量的判别，对变量的概率分布没有限制，它是通过计算待测点到各个分类的距离，再根据计算出的距离大小来判别待测点属于哪个分类。

2) 方法说明：距离判别法的基本原理是计算待测点与各类的距离，取最短者为其所属分类。注意，距离的衡量有很多种方式，本书中采用的是 Mahalanobis 距离（马哈拉诺比斯距离，即马氏距离），而非欧氏距离。其中，欧氏距离是绝对距离，而马氏距离是考虑了随机变量方差的一种相对距离，体现了概率的思想。

这里给出马氏距离的定义：设 $\boldsymbol{x}$, $\boldsymbol{y}$ 是服从均值为 $\boldsymbol{\mu}$，协方差阵为 $\boldsymbol{\Sigma}$ 的总体 X 中抽取的样本，则 $\boldsymbol{x}$, $\boldsymbol{y}$ 两点的马氏距离为

$$d(\boldsymbol{x}, \boldsymbol{y}) = \sqrt{(\boldsymbol{x} - \boldsymbol{y})^{\mathrm{T}} \boldsymbol{\Sigma}^{-1} (\boldsymbol{x} - \boldsymbol{y})}$$

样本点 $\boldsymbol{x}$ 与总体 X 的马氏距离为

$$d(\boldsymbol{x}, X) = \sqrt{(\boldsymbol{x} - \boldsymbol{\mu})^{\mathrm{T}} \boldsymbol{\Sigma}^{-1} (\boldsymbol{x} - \boldsymbol{\mu})}$$

式中，$\boldsymbol{x}$、$\boldsymbol{y}$ 和 $\boldsymbol{\mu}$ 均为向量。

基本步骤：

本节主要从总体协方差阵相同和协方差阵不同两个情况来讨论距离判断。假设总体 X_1 和 X_2 的均值向量分别为 $\boldsymbol{\mu}_1$ 和 $\boldsymbol{\mu}_2$，协方差阵分别为 $\boldsymbol{\Sigma}_1$ 和 $\boldsymbol{\Sigma}_2$，给定一个样本点 $\boldsymbol{x}$，要判断 $\boldsymbol{x}$ 来自哪一个总体，就应该判断它与总体 X_1 和 X_2 的距离哪一个最近。

思路：分别计算样本点离两个样本的中心点的距离，然后比较两个距离的大小，从而判断其分类。

两个总体协方差阵相同，即 $\boldsymbol{\mu}_1 \neq \boldsymbol{\mu}_2$，$\boldsymbol{\Sigma}_1 = \boldsymbol{\Sigma}_2 = \boldsymbol{\Sigma}$，判别函数为

$$\omega(\boldsymbol{x}) = (\boldsymbol{x} - \overline{\boldsymbol{\mu}})^{\mathrm{T}} \boldsymbol{\Sigma}^{-1} (\boldsymbol{\mu}_1 - \boldsymbol{\mu}_2)$$

式中，$\overline{\boldsymbol{\mu}} = \dfrac{\boldsymbol{\mu}_1 + \boldsymbol{\mu}_2}{2}$ 是两个总体的均值。

判别准则为

$$R_1 = \{\boldsymbol{x} | \omega(\boldsymbol{x}) \geqslant 0\}, R_2 = \{\boldsymbol{x} | \omega(\boldsymbol{x}) < 0\}$$

两个总体协方差阵不同，判别函数为

$$\omega(\boldsymbol{x}) = (\boldsymbol{x} - \boldsymbol{\mu}_2)^{\mathrm{T}} \boldsymbol{\Sigma}_2^{-1}(\boldsymbol{x} - \boldsymbol{\mu}_2) - (\boldsymbol{x} - \boldsymbol{\mu}_1)^{\mathrm{T}} \boldsymbol{\Sigma}_1^{-1}(\boldsymbol{x} - \mu_1)$$

判别准则为

$$R_1 = \{\boldsymbol{x} | \omega(\boldsymbol{x}) \geqslant 0\}, \quad R_2 = \{\boldsymbol{x} | \omega(\boldsymbol{x}) < 0\}$$

3) 程序语句：

```
MahalanobisDistanceDiscriminant(a, b)
```

参数说明：

参数名称	参数说明
a	数组，二维输入序列，维度为 (样本, 特征)
b	数组，二维输入序列，维度为 (样本, 特征)

4) 方法：

```
__call__(a_obs, b_obs)
```

参数说明：

参数名称	参数说明
a_obs	浮点数，二维输入序列，维度为 (样本, 特征)
b_obs	浮点数，二维输入序列，维度为 (样本, 特征)

5) 属性：

属性名称	说明
category	分类标签

6) 案例：根据经验，今天和昨天的湿度差 X_1 及今天的压温差 X_2 是预报天气下雨和不下雨的两个重要因素。现有数据如下，今天测得 $x_1 = 8.1$，$x_2 = 2.0$（待测样本），试问预报明天下雨还是不下雨？采用距离判别来预测结论。

根据距离判别法的思路，首先计算出两类总体（雨天和非雨天）的均值，然后计算这两类总体的协方差阵，之后计算出待测样本 $\boldsymbol{x}$ 与两类总体的距离，最后比较这两个距离的大小进而得出预测结论。

分别计算两类总体的均值：雨天数据的均值 $\boldsymbol{\mu}_1 = \begin{bmatrix} 0.92 \\ 2.1 \end{bmatrix}$，非雨天数据的均值 $\boldsymbol{\mu}_2 = $

$$\begin{bmatrix} -0.38 \\ 8.25 \end{bmatrix}。$$

雨天		非雨天	
X_1(湿度差)	X_2(压温差)	X_1(湿度差)	X_2(压温差)
−1.9	3.2	0.2	0.2
−6.9	10.4	−0.1	7.5
5.2	2.0	0.4	14.6
5.0	2.5	2.7	8.3
7.3	0.0	2.1	0.8
6.8	12.7	−4.6	4.3
0.9	−15.4	−1.7	10.9
−12.5	−2.5	−2.6	13.1
1.5	1.3	2.6	12.8
3.8	6.8	−2.8	10.0

分别计算两类总体的协方差阵：通过计算，雨天和非雨天的协方差阵分别为

$$\boldsymbol{\Sigma}_1 = \begin{bmatrix} \mathrm{cov}(X_1, X_1) & \mathrm{cov}(X_1, Y_1) \\ \mathrm{cov}(X_1, Y_1) & \mathrm{cov}(Y_1, Y_1) \end{bmatrix} = \begin{bmatrix} 40.897333 & 6.364444 \\ 6.364444 & 59.686667 \end{bmatrix}$$

$$\boldsymbol{\Sigma}_2 = \begin{bmatrix} \mathrm{cov}(X_2, X_2) & \mathrm{cov}(X_2, Y_2) \\ \mathrm{cov}(X_2, Y_2) & \mathrm{cov}(Y_2, Y_2) \end{bmatrix} = \begin{bmatrix} 6.2084444 & -0.7244444 \\ -0.7244444 & 25.6783333 \end{bmatrix}$$

从上式中可以看出 $\boldsymbol{\Sigma}_1 \neq \boldsymbol{\Sigma}_2$，表明雨天和非雨天数据的协方差阵为不相同的情况。

计算待测样本与两类总体的马氏距离：根据前文中马氏距离的定义，可以得到待测样本 x 与雨天（H）和非雨天（I）总体的马氏距离平方，分别为

$$d^2(\boldsymbol{x}, H) = (\boldsymbol{x} - \boldsymbol{\mu}_1)^{\mathrm{T}} \boldsymbol{\Sigma}_1^{-1} (\boldsymbol{x} - \boldsymbol{\mu}_1) = 1.285\ 78$$

$$d^2(\boldsymbol{x}, I) = (\boldsymbol{x} - \boldsymbol{\mu}_2)^{\mathrm{T}} \boldsymbol{\Sigma}_2^{-1} (\boldsymbol{x} - \boldsymbol{\mu}_2) = 12.663\ 91$$

通过判别函数得出结论：判别函数 $\omega(\boldsymbol{x}) = d^2(\boldsymbol{x}, H) - d^2(\boldsymbol{x}, I)$，称为两总体 H 和 I 的距离判别函数。且 $R_1 = \{\boldsymbol{x}|\omega(\boldsymbol{x}) \geqslant 0\}$，$R_2 = \{\boldsymbol{x}|\omega(\boldsymbol{x}) < 0\}$ 中 R_1 和 R_2 为两总体的距离判别准则。

通过比较发现

$$\omega(\boldsymbol{x}) = d^2(\boldsymbol{x}, H) - d^2(\boldsymbol{x}, I) = 1.285\ 78 - 12.663\ 91 = -11.378\ 13 < 0$$

因此，判断待测样本 $\boldsymbol{x}$ 属于总体 H，可以得出结论是明天会下雨。

答案：明天会下雨。

14.3　贝叶斯判别法

1) 功能：距离判别法只要求知道总体数字特征，不涉及总体的分布函数，当参数和协方差未知时，就用样本均值和协方差矩阵来估计。距离判别方法简单实用，但是没有考虑

每个总体出现的机会大小，即先验概率，没有考虑错判的损失。贝叶斯判别法正是为了解决这两个问题提出的判别分析方法，其判别效果更加理想，应用也更加广泛。

2) 方法说明：贝叶斯判别法的总体思想是假定对所研究的对象已有一定的认识，常用先验概率来描述这种认识。之后抽取一个样本，使用该样本来修改现有的认知（先验概率分布），进而获得后验概率分布。通过后验概率分布进行各种统计推断。使用贝叶斯思想的判别分析为贝叶斯判别法。

设有 k 个总体 $G_1, G_2, \cdots, G_k$，它们的先验概率分别为 $q_1, q_2, \cdots, q_k$（它们可以由经验给出也可以估出）。各总体的密度函数分别为 $f_1(x), f_2(x), \cdots, f_k(x)$（在离散情形是概率函数），在观测到一个样品 x 的情况下，可用著名的贝叶斯公式计算它来自第 g 总体的后验概率（相对于先验概率来说，它又称为后验概率）：

$$P\left(\frac{g}{x}\right) = \frac{q_g f_g(x)}{\sum\limits_{i=1}^{k} q_i f_i(x)} \quad (g = 1, \cdots, k)$$

并且当

$$P\left(\frac{h}{x}\right) = \max_{1 \leqslant g \leqslant k} P\left(\frac{g}{x}\right)$$

时，则判 X 来自第 h 总体。

有时还可以使用错判损失最小的概念作判决函数。这时把 X 错判归第 h 总体的平均损失定义为

$$E\left(\frac{h}{x}\right) = \sum_{g \neq h} \frac{q_g f_g(x)}{\sum\limits_{i=1}^{k} q_i f_i(x)} \cdot L\left(\frac{h}{g}\right)$$

式中，$L\left(\frac{h}{g}\right)$ 称为损失函数。它表示本来是第 g 总体的样品错判为第 h 总体的损失。显然上式是对损失函数依概率加权平均或称为错判的平均损失。当 $h = g$ 时，有 $L\left(\frac{h}{g}\right) = 0$；当 $h \neq g$ 时，有 $L\left(\frac{h}{g}\right) > 0$。建立判别准则如果为

$$E\left(\frac{h}{x}\right) = \min_{1 \leqslant g \leqslant k} E\left(\frac{g}{x}\right)$$

则判定 x 来自第 h 总体。

原则上说，考虑损失函数更为合理，但是在实际应用中 $L\left(\frac{h}{g}\right)$ 不容易确定，因此常常在数学模型中假设各种错判的损失皆相等，即

$$L\left(\frac{h}{g}\right) = \begin{cases} 0 & (h = g) \\ 1 & (h \neq g) \end{cases}$$

这样一来，寻找 h 使后验概率最大和使错判的平均损失最小是等价的，即

$$p\left(\frac{h}{x}\right) \xrightarrow{h} \max \Leftrightarrow E\left(\frac{h}{x}\right) \xrightarrow{h} \min$$

基本步骤：

在实际问题中遇到的许多总体往往服从正态分布，下面给出 p 元正态总体的贝叶斯判别法。

判别函数的导出。由前面叙述已知，使用贝叶斯判别法作判别分析，首先需要知道待判总体的先验概率 q_g 和密度函数 $f_g(x)$（如果是离散情形则是概率函数）。对于先验概率，如果没有更好的办法确定，可用样品频率代替，即令 $q_g = n_g/n$，其中 n_g 为用于建立判别函数的已知分类数据中来自第 g 总体样品的数目，且 $n_1 + n_2 + \cdots + n_k = n$，或者干脆令先检概率相等，即 $q_g = 1/k$，这时可以认为先验概率不起作用。

p 元正态分布密度函数为

$$f_g(x) = (2\Pi)^{-\frac{p}{2}} |\boldsymbol{\Sigma}^{(g)}|^{-\frac{1}{2}} \cdot \exp\left\{ -\frac{1}{2}(x - \boldsymbol{\mu}^{(g)})' \boldsymbol{\Sigma}^{(g)-1}(x - \boldsymbol{\mu}^{(g)}) \right\}$$

式中，$\boldsymbol{\mu}^{(g)}$ 和 $\boldsymbol{\Sigma}^{(g)}$ 分别为第 g 总体的均值向量（p 维）和协差阵（p 阶）。把 $f_g(x)$ 代入 $P(g/x)$ 的表达式中，我们只关心寻找使 $P(g/x)$ 最大的 g，而分式中的分母不论 g 为何值都是常数，故可改令

$$q_g f_g(x) \xrightarrow{g} \max$$

取对数并去掉与 g 无关的项，记为

$$\begin{aligned} Z\left(\frac{g}{x}\right) &= \ln q_g - \frac{1}{2}\ln |E^{(g)}| - \frac{1}{2}(x - \boldsymbol{\mu}^{(g)})' \boldsymbol{\Sigma}^{(g)-1}(x - \boldsymbol{\mu}^{(g)}) \\ &= \ln q_g - \frac{1}{2}\ln |E^{(g)}| - \frac{1}{2}x' \boldsymbol{\Sigma}^{(g)-1} x - \frac{1}{2}\boldsymbol{\mu}^{(g)'} \boldsymbol{\Sigma}^{(g)-1} \boldsymbol{\mu}^{(g)} + x' \boldsymbol{\Sigma}^{(g)-1} \boldsymbol{\mu}^{(g)} \end{aligned}$$

则问题化为

$$Z\left(\frac{g}{x}\right) \xrightarrow{g} \max$$

假设协方差阵相等。$Z(g/x)$ 中含有 k 个总体的协方差阵（逆阵及行列式值），而且无论对于 x 还是二次函数，实际计算时工作量很大。如果进一步假定 k 个总体协方差阵相同，即 $\boldsymbol{\Sigma}^{(1)} = \boldsymbol{\Sigma}^{(2)} = \cdots = \boldsymbol{\Sigma}^{(k)} = \boldsymbol{\Sigma}$，这时 $Z(g/x)$ 中 $1/2\ln|E^{(g)}|$ 和 $1/2x' \sum^{(g)-1} x$ 两项与 g 无关，求最大时可以去掉，最终得到如下形式的判别函数与判别准则（如果协方差阵不等，则有非线性判别函数）：

$$y\left(\frac{g}{x}\right) = \ln q_g - \frac{1}{2}\boldsymbol{\mu}^{(g)'} \boldsymbol{\Sigma}^{-1} \boldsymbol{\mu}^{(g)} + x' \boldsymbol{\Sigma}^{-1} \boldsymbol{\mu}^{(g)}$$

$$y\left(\frac{g}{x}\right) \xrightarrow{g} \max$$

上式判别函数也可以写成多项式形式：

$$y\left(\frac{g}{x}\right) = \ln q_g + C_0^{(g)} + \sum_{i=1}^{p} C_i^{(g)} x_i$$

此处

$$C_i^{(g)} = \sum_{j=1}^{p} \nu^{ij} \mu_i^{(g)} \quad (i = 1, \cdots, p)$$

$$C_0^{(g)} = -\frac{1}{2} \boldsymbol{\mu}^{(g)\prime} \boldsymbol{\Sigma}^{-1} \boldsymbol{\mu}^{(g)}$$

$$= -\frac{1}{2} \sum_{i=1}^{p} \sum_{j=1}^{p} \nu^{ij} \mu_i^{(g)} \mu_j^{(g)}$$

$$= -\frac{1}{2} \sum_{i=1}^{p} C_i^{(g)} \mu_i^{(g)}$$

$$x = (x_1, x_1, \cdots, x_p)'$$

$$\boldsymbol{\mu}^{(g)} = (\mu_1^{(g)}, \mu_2^{(g)}, \cdots, \mu_p^{(g)})'$$

$$\boldsymbol{\Sigma} = (\nu_{ij})_{p \times p}, \quad \boldsymbol{\Sigma}^{-1} = (\nu_{ij})_{p \times p}$$

计算后验概率。作计算分类时，主要根据判别式 $y(g/x)$ 的大小，而它不是后验概率 $P(g/x)$，但是有了 $y(g/x)$ 之后，就可以根据下式算出 $P(g/x)$：

$$P\left(\frac{g}{x}\right) = \frac{\exp\left\{y\left(\frac{g}{x}\right)\right\}}{\displaystyle\sum_{i=1}^{k} \exp\left\{y\left(\frac{i}{x}\right)\right\}}$$

因为

$$y\left(\frac{g}{x}\right) = \ln[q_g f_g(x)] - \Delta(x)$$

其中 $\Delta(x)$ 是 $\ln[q_g f_g(x)]$ 中与 g 无关的部分。

所以

$$P\left(\frac{g}{x}\right) = \frac{q_g f_g(x)}{\displaystyle\sum_{i=1}^{k} q_i f_i(x)}$$

$$= \frac{\exp\left\{y\left(\frac{g}{x}\right) + \Delta(x)\right\}}{\displaystyle\sum_{i=1}^{k} \exp\left\{y\left(\frac{i}{x}\right) + \Delta(x)\right\}}$$

$$= \frac{\exp\left\{y\left(\frac{g}{x}\right)\right\}\{\exp \Delta(x)\}}{\displaystyle\sum_{i=1}^{k} \exp\left\{y\left(\frac{i}{x}\right)\right\} \exp\{\Delta(x)\}}$$

$$= \frac{\exp\left\{y\left(\frac{g}{x}\right)\right\}}{\displaystyle\sum_{i=1}^{k} \exp\left\{y\left(\frac{i}{x}\right)\right\}}$$

由上式可知，使 y 为最大的 h，其 $P(h/x)$ 必为最大，因此我们只需要把样品 x 代入判别式中，分别计算 $y(g/x)(g = 1, \cdots, k)$。

若 $y(g/x) = \max\limits_{1\leqslant g\leqslant k}\{y(g/x)\}$，则把样品 x 归入第 h 总体。

3) 程序语句：

```
sklearn.naive_bayes.GaussianNB(priors = None, var_smoothing = 1e-9)
```

参数说明：

	参数名称	参数说明
输入参数	priors	先验概率，可输入任何类数组结构，形状为（n_classes,）表示类的先验概率。如果指定，则不根据数据调整先验，如果不指定，则自行根据数据计算先验概率 $P(y)$
	var_smoothing	浮点数，可不填（默认值 $=1\times10^{-9}$），在估计方差时，为了追求估计的稳定性，将所有特征的方差中最大的方差以某个比例添加到估计的方差中。这个比例，由 var_smoothing 参数控制
输出参数	m	判别结果

4) 案例：人文发展指数是联合国开发计划署于 1990 年 5 月发表的《人类发展报告》中公布的。该报告建议，目前对人文发展的衡量应当以人生的三大要素为重点，衡量人生三大要素的指示指标分别为出生时的预期寿命、成人识字率和实际人均 GDP，将以上三个指示指标的数值合成为一个复合指数，即人文发展指数。资料来源：UNDP《人类发展报告》1995 年。

类别	序号	国家名称	出生时的预期寿命/岁 x_1	成人识字率/% 1992x_2	实际人均 GDP 1992x_3
第一类 (高发展水平国家)	1	美国	76	99	5374
	2	日本	79.5	99	5359
	3	瑞士	78	99	5372
	4	阿根廷	72.1	95.9	5242
	5	阿联酋	73.8	77.7	5370
第二类 (中等发展水平国家)	6	保加利亚	71.2	93	4250
	7	古巴	75.3	94.9	3412
	8	巴拉圭	70	91.2	3390
	9	格鲁吉亚	72.8	99	2300
	10	南非	62.9	80.6	3799
待判样品	11	中国	68.5	79.3	1950
	12	罗马尼亚	69.9	96.9	2840
	13	希腊	77.6	93.8	5233
	14	哥伦比亚	69.3	90.3	5158

资料来源：《世界经济统计研究》1996 年第 1 期

今从 1995 年世界各国人文发展指数的排序中，选取高发展水平、中等发展水平的国家各五个作为两组样品，另选四个国家作为待判样品进行贝叶斯判别分析。

答案：这里组数 $k = 2$，指标数 $p = 3, n_1 = n_2 = 5$

$$q_1 = q_2 = \frac{5}{10} = 0.5$$

$$\ln q_1 = \ln q_2 = -0.693\,147$$

$$\overline{x^{(1)}} = (75.88,\ 94.08,\ 5343.4)'$$

$$\overline{x^{(2)}} = (70.44,\ 91.74,\ 3430.4)'$$

$$\boldsymbol{\Sigma}^{-1} = \begin{bmatrix} 0.120896 & -0.03845 & 0.0000442 \\ -0.03845 & 0.029278 & 0.0000799 \\ 0.0000442 & 0.0000799 & 0.00000434 \end{bmatrix}$$

代入判别函数:

$$y(g/x) = \ln q_g - \frac{1}{2}\boldsymbol{\mu}^{(g)'}\boldsymbol{\Sigma}^{-1}\boldsymbol{\mu}^{(g)} + x'\boldsymbol{\Sigma}^{-1}\boldsymbol{\mu}^{(g)} \quad (g = 1, 2)$$

得两组的判别函数分别为

$$f_1 = -323.171\,94 + 5.792\,39x_1 + 0.263\,83x_2 + 0.034\,06x_3$$

$$f_2 = -236.020\,67 + 5.140\,13x_1 + 0.251\,62x_2 + 0.025\,33x_3$$

将原各组样品进行回判结果如下:

样品序号	原类号	判别函数 f_1 值	判别函数 f_2 值	回判类别	后验概率
1	1	326.2073	315.6630	1	1.0000
2	1	345.9698	333.2735	1	1.0000
3	1	337.7240	325.8926	1	1.0000
4	1	298.3032	291.4929	1	0.9989
5	1	307.7082	298.8939	1	0.9999
6	2	258.5374	261.0097	2	0.9222
7	2	254.2452	261.3358	2	0.9992
8	2	221.8201	232.6049	2	1.0000
9	2	202.9712	221.3502	2	1.0000
10	2	191.8280	203.8027	2	1.0000

回判结果表明, 总的回代判对率为 100%, 这与统计资料的结果相符。

待判样品判别结果如下:

样品序号	国家	判别函数 f_1 值	判别函数 f_2 值	后验概率	判属类号
11	中国	160.9455	185.4252	1.0000	2
12	罗马尼亚	202.2739	219.5939	1.0000	2
13	希腊	329.3008	319.0073	0.99997	1
14	哥伦比亚	277.7460	273.5638	0.9850	1

待判样品的结果表明, 判属类别与前面的判属类别完全相同, 即中国、罗马尼亚属于第二类, 希腊、哥伦比亚属于第一类。

14.4　费希尔判别法

1) 功能: 费希尔判别法是 20 世纪 30 年代由英国统计学家 Fisher 提出的。1936 年 Fisher 第一次给出了费希尔判别分析方法的定义并应用到鸢尾花的判别分析中。随着科学技术的发展, 判别方法已被公认为最好的特征提取方法之一。

相较于距离判别法, 费希尔判别法有自己的优势: 首先, 当总体的均值向量共线性程度较高时, 判别法比较简单, 根据几个判别函数就可以判别。其次, 没有对总体的分布提出什么特定的要求,应用比较广泛。最后,判别法通过降维可以从图形上使用目测法直接判别。判别分析法对样本数据没有什么要求,而且用软件处理既避免了数据量大的缺陷,又有很高的正确率。

2) 方法说明:费希尔判别法的主要思想是通过将多维数据投影到某个方向上,投影的原则是将总体与总体之间尽可能的放开,然后再选择合适的判别规则,将新的样本进行分类判别。

从 k 个总体中抽取具有 p 个指标的样品观测数据,借助方差分析的思想构造一个先行判别函数:

$$U(x) = u_1 X_1 + u_2 X_2 + \cdots + u_p X_p = u' \boldsymbol{X}$$

式中,系数 $u = (u_1, u_1, \cdots, u_p)'$ 确定的原则是使总体之间区别最大,而使每个总体内部的离差最小。有了线性判别函数后,对于一个新的样品,将它的 p 个指标值代入上式的线性判别函数中,求出 $U(X)$ 值,然后根据判别一定的规则,便可以判别新的样品属于哪个总体。

基本步骤:本节主要介绍两总体的计算步骤,多总体的情况可以依此类推。

步骤一,计算各类样本的均值向量 $\boldsymbol{m}_i$,N_i 是类 ω_i 的样本个数:

$$\boldsymbol{m}_i = \frac{1}{N_i} \sum_{\boldsymbol{X} \in \omega_i} \boldsymbol{X} \quad (i = 1, 2)$$

步骤二,计算样本类内离散度矩阵 $\boldsymbol{S}_i$ 和总类内离散度矩阵 $\boldsymbol{S}_\omega$:

$$\boldsymbol{S}_i = \sum_{\boldsymbol{X} \in \omega_i} (\boldsymbol{X} - \boldsymbol{m}_i)(\boldsymbol{X} - \boldsymbol{m}_i)^{\mathrm{T}} \quad (i = 1, 2)$$

$$\boldsymbol{S}_\omega = S_1 + S_2$$

步骤三,计算样本类间离散度矩阵 $\boldsymbol{S}_b$:

$$\boldsymbol{S}_b = (\boldsymbol{m}_1 - \boldsymbol{m}_2)(\boldsymbol{m}_1 - \boldsymbol{m}_2)^{\mathrm{T}}$$

步骤四,求向量 $\boldsymbol{\omega}^*$。为此定义费希尔准则函数:

$$J_F(W) = \frac{\boldsymbol{\omega}^{\mathrm{T}} \boldsymbol{S}_b \boldsymbol{\omega}}{\boldsymbol{\omega}^{\mathrm{T}} \boldsymbol{S}_\omega \boldsymbol{\omega}}$$

使得 $J_F(W)$ 取的最大值为 $\boldsymbol{\omega}^* = \boldsymbol{S}_\omega^{-1}(\boldsymbol{m}_1 - \boldsymbol{m}_2)$。

步骤五,将训练集内所有样本进行投影:$y = (\boldsymbol{\omega}^*)^{\mathrm{T}} \boldsymbol{X}$。

步骤六,计算在投影空间上的分割阈值 y_0。阈值的选取可以有不同的方案,比较常用的一种为

$$y_0 = \frac{N_1 \tilde{m}_1 + N_2 \tilde{m}_2}{N_1 + N_2}$$

另一种为

$$y_0 = \frac{\tilde{m}_1 + \tilde{m}_2}{2} + \frac{\ln[p(\omega_1)/p(\omega_1)]}{N_1 - N_2 - 2}$$

式中，$\widetilde{m}_i$ 为在一维空间各样本的均值，$\widetilde{m}_i = 1/N_1 \sum\limits_{y \in \omega_i} y$。样本的类内离散度 $\widetilde{S}_i^2$ 和总类离散度 $\widetilde{S}_\omega$ 分别为

$$\widetilde{S}_i^2 = \sum_{y \in \omega_i} (y - \widetilde{m}_i) \quad (i = 1, 2)$$

$$\widetilde{S}_\omega = \widetilde{S}_1^2 + \widetilde{S}_2^2$$

步骤七，对于给定的 $\boldsymbol{X}$，计算它在 $\boldsymbol{\omega}^*$ 上的投影点 y：

$$y = (\boldsymbol{\omega}^*)^{\mathrm{T}} \boldsymbol{X}$$

步骤八，根据决策规则分类，有

$$y > y_0 \Rightarrow \boldsymbol{X} \in \omega_1$$

$$y < y_0 \Rightarrow \boldsymbol{X} \in \omega_2$$

用费希尔函数解决多分类问题时，首先实现两类费希尔分类，然后根据返回的类别与新的类别再进行两类费希尔分类，又能够得到比较接近的类别，以此类推，直至所有的类别，最后得出未知样本的类别。

3) 程序语句：

```
sklearn.discriminant_analysis.LinearDiscriminantAnalysis(
    solver = 'svd', shrinkage = None, priors = None, n_components = None,
    store_covariance = False, tol = 1e-4, covariance_estimator = None
)
```

参数说明：

	参数名称	参数说明
输入参数	Solver	Solver，字符串（可选），'svd' 奇异值分解（默认设置）。不计算协方差矩阵，推荐在数据维数较大时使用，'lsqr' 最小平方解，可以进行 shrinkage，'eigen' 特征值分解，可以进行 shrinkage
	Shrinkage	字符串或浮点数（可选），收缩参数，None 不进行收缩（默认设置），'auto' 根据 Ledoit-Wolf lemma 自动选择收缩，0~1 的浮点数，固定的收缩参数（注意收缩只在 'lsqr' 和 'eigen' 时才有效）
	priors	数组（可选），类先验概率，默认情况下，类的比例是从训练数据中推断出来的
	n_components	整数（可选），降维的组件数，默认值为 None，如果没有，将被设置为 min(n_classes-1, n_features)
	store_covariance	bool 类型（可选），计算类协方差矩阵（默认为 false），只用于 'svd' 的情况
	tol	浮点数（可选），默认 1×10^{-4}，秩估计的阈值在 'svd' 中
	covariance_estimator	协方差估计器，默认值为 None，如果不是 None，covariance_estimator 被用来估计协方差矩阵，而不是依靠经验协方差估计器
输出参数	m	判别结果

4) 案例：对全国 30 个省（自治区、直辖市）1994 年影响各地区经济增长差异的制度变量：x_1 表示经济增长率（%）、x_2 表示非国有化水平（%）、x_3 表示开放度（%）、x_4 表示市场化程度（%）作费希尔判别分析。

类别	序号	地区	x_1	x_2	x_3	x_4
第一组	1	辽宁	11.2	57.25	13.47	73.41
	2	河北	14.9	67.19	7.89	73.09
	3	天津	14.3	64.74	19.41	72.33
	4	北京	13.5	55.63	20.59	77.33
	5	山东	16.2	75.51	11.06	72.08
	6	上海	14.3	57.63	22.51	77.35
	7	浙江	20	83.94	15.99	89.5
	8	福建	21.8	68.03	39.42	71.9
	9	广东	19	78.31	83.03	80.75
	10	广西	16	57.11	12.57	60.91
	11	海南	11.9	49.97	30.7	69.2
第二组	12	黑龙江	8.7	30.72	15.41	60.25
	13	吉林	14.3	37.65	12.95	66.42
	14	内蒙古	10.1	34.63	7.68	62.96
	15	山西	9.1	56.33	10.3	66.01
	16	河南	13.8	65.23	4.69	64.24
	17	湖北	15.3	55.62	6.06	54.74
	18	湖南	11	55.55	8.02	67.47
	19	江西	18	62.88	6.4	58.83
	20	甘肃	10.4	30.01	4.61	60.26
	21	宁夏	8.2	29.28	6.11	50.71
	22	四川	11.4	62.88	5.31	61.49
	23	云南	11.6	28.57	9.08	68.47
	24	贵州	8.4	30.23	6.03	55.55
	25	青海	8.2	15.96	8.04	40.26
	26	新疆	10.9	24.75	8.34	46.01
	27	西藏	15.6	21.44	28.62	46.01
待判样品	28	江苏	16.5	80.05	8.81	73.04
	29	安徽	20.6	81.24	5.37	60.43
	30	陕西	8.6	42.06	8.88	56.37

资料来源:《经济理论与经济管理》1998 年第 1 期

建立判别式：经计算得

$$S = \begin{bmatrix} 246.363 & 599.6235 & 356.9592 & 136.5192 \\ 599.6235 & 5301.402 & 41.63917 & 1743.296 \\ 356.9592 & 41.63917 & 5050.86 & 237.839 \\ 136.5192 & 1743.296 & 237.839 & 1602.955 \end{bmatrix}$$

$$S^{-1} = \begin{bmatrix} 0.006745 & -0.00092 & -0.00049 & 0.000505 \\ -0.00092 & 0.000421 & 8.03 \times 10^{-5} & -0.00039 \\ -0.00049 & 8.03 \times 10^{-5} & 0.000236 & -8 \times 10^{-5} \\ 0.000505 & -0.00039 & -8 \times 10^{-5} & 0.001018 \end{bmatrix}$$

所以，判别式为 $y = 0.005\,176x_1 + 0.001\,774x_2 + 0.002\,439x_3 + 0.007\,062x_4$。

求判别临界值 y_0，对所给样品判别分类：

$$\overline{y}^{(1)} = 0.779\,369, \quad \overline{y}^{(2)} = 0.563\,846$$

所以，$y_0 = \dfrac{n_1\bar{y}^{(1)} + n_2\bar{y}^{(2)}}{n_1 + n_2} = 0.651\,651$。

由于 $\bar{y}^{(1)} > \bar{y}^{(2)}$，当样品代入判别工后，若 $y > y_0$，则判为第一组；若 $y < y_0$，则判为第二组。回判结果如下：

样品序号	y 值	原类号	回判组别
1	0.710 814	1	1
2	0.731 731	1	1
3	0.747 011	1	1
4	0.722 523	1	1
5	0.753 821	1	1
6	0.777 408	1	1
7	0.923 491	1	1
8	0.837 441	1	1
9	1.010 054	1	1
10	0.644 944	1	2
11	0.713 817	1	1
12	0.562 602	2	2
13	0.641 456	2	2
14	0.577 069	2	2
15	0.638 321	2	2
16	0.652 257	2	1
17	0.579 226	2	2
18	0.651 521	2	2
19	0.636 5742	2	2
20	0.543 87	2	2
21	0.467 405	2	2
22	0.617 757	2	2
23	0.616 408	2	2
24	0.504 11	2	2
25	0.374 684	2	2
26	0.445 593	2	2
27	0.513 515	2	2

等判样品判别结果：

样品序号	y 值	判属组号
28	0.764 72	1
29	0.690 614	1
30	0.538 875	3

上述回判结果表明，第一组的第 10 号仍被回判为第 2 组，说明第 10 号样品确为误分。而第二组的第 16 号被回判为第一组，仔细研究其指标，发现其数据介于第 1 组和第 2 组之间，差别不显著造成的。总的回代判对率为 25/27≈92.59%。关于待判的三个样品的判别结果与用距离判别法的相同，说明其判别结果是比较好的。

14.5 逐步判别法

1) 功能：前面介绍的判别方法都是用已给的全部变量来建立判别式的，但这些变量在判别式中所起的作用一般来说是不同的，也就是说各变量在判别式中判别能力不同，有些可能起重要作用，有些可能作用低微，如果将判别能力低微的变量保留在判别式中，不仅会增加计算量，而且会产生干扰影响判别效果，如果将其中重要变量忽略了，这时做出的判别效果也一定不好。如何筛选出具有显著判别能力的变量来建立判别式呢？由于筛选变量的重要性，近三十年来有大量的文章提出很多种方法，这里仅介绍一种常用的逐步判别法。

2) 方法说明：逐步判别法与逐步回归法的基本思想类似，都是采用"有进有出"的算法，即逐步引入变量，每引入一个"最重要"的变量进入判别式，同时也考虑较早引入判别式的某些变量，如果其判别能力随新引入变量而变为不显著（如其作用被后引入的某几个变量的组合代替），应及时从判别式中把它剔除，直到判别式中没有不重要的变量需要剔除，而剩下来的变量也没有重要的变量可引入判别式时，逐步筛选结束。这个筛选过程实质就是作假设检验，通过检验找出显著性变量，剔除不显著变量。

设有 k 个正态总体 $N_p(\boldsymbol{\mu}^{(i)}, \boldsymbol{\Sigma})(i = 1, \cdots, k)$，它们有相同的协方差阵，因此如果它们有差别也只能表现在均值向量 $\boldsymbol{\mu}^{(i)}$ 上，现从 k 个总体分别抽取 $n_1, \cdots, n_k$ 个样品，$X_1(1), \cdots, X_{n_1}^{(1)}; \cdots; X_1(k), \cdots, X_{nk}^{(k)}$，令 $n_1 + \cdots + n_k = n_0$。现进行统计假设

$$H_0 : \boldsymbol{\mu}^{(1)} = \boldsymbol{\mu}^{(2)} = \cdots = \boldsymbol{\mu}^{(k)}$$

如果 H_0 被接受，说明这 k 个总体的统计差异不显著，在此基础上建立的判别函数效果肯定不好，除非增加新的变量。如果 H_0 被否定，说明这 k 个总体可以区分，建立判别函数是有意义的，根据上式中检验 H_0 的似然比统计量为

$$\Lambda_p = \frac{|\boldsymbol{E}|}{|\boldsymbol{A} + \boldsymbol{E}|} = \frac{|\boldsymbol{E}|}{|\boldsymbol{T}|} \sim \Lambda_p(n - k, k - 1)$$

其中

$$\boldsymbol{E} = \sum_{a=1}^{k} \sum_{i=1}^{n_a} (X_i^{(a)} - \overline{X}^{(a)})'(X_i^{(a)} - \overline{X}^{(a)})$$

$$\boldsymbol{A} = \sum_{a=1}^{k} n_a (X^{(a)} - \overline{X})'(X^{(a)} - \overline{X})$$

由 Λ_p 的定义可知，$0 \leqslant \Lambda_p \leqslant 1$，而 $|\boldsymbol{E}|$、$|\boldsymbol{T}|$ 的大小分别反映了同一总体样本间的差异和 k 个总体所有样本间的差异。因此，Λ_p 值越小，表明相同总体间的差异越小，相对地，样本间总的差异越大，即各总体间有较大差异，因此对给定的检验水平 a，应由 Λ_p 分布确定临界值 λ_a，使 $P\{\Lambda_p > \lambda_a\} = a$，当 $\Lambda_p < \lambda_a$ 时，拒绝 H_0，否则 H_0 相容。这里 Λ 下标 p 是强调有 p 个变量。

由于书上一般没有 Wilks（威尔克斯）分布的数值表，常用下面的近似式。

Bartlett 近似式：

$$-\left[n - \frac{1}{2}(p - k) - 1\right] \ln \frac{极限分布}{在 H_0 成立下} \chi^2(p(k - 1))$$

Rao 近似式：

$$\frac{n - (p - 1) - k}{k - 1} \cdot \left(\frac{\Lambda_p - 1}{\Lambda_p} - 1\right) \frac{极限分布}{} F(k - 1, n - (p - 1) - k)$$

这里根据 Rao 近似式给出引入变量和剔除变量的统计量。

设 $\boldsymbol{A} = (a_{ij})_{p \times p}$ 且将 $\boldsymbol{A}$ 剖分为

$$\boldsymbol{A} = \begin{bmatrix} \boldsymbol{A}_{11} & \boldsymbol{A}_{12} \\ \boldsymbol{A}_{21} & \boldsymbol{A}_{22} \end{bmatrix}$$

这里 $\boldsymbol{A}_{11}$、$\boldsymbol{A}_{22}$ 是方阵且非奇异阵，则

$$|\boldsymbol{A}| = |\boldsymbol{A}_{11}||\boldsymbol{A}_{22} - \boldsymbol{A}_{21}\boldsymbol{A}_{11}^{-1}\boldsymbol{A}_{12}|$$
$$= |\boldsymbol{A}_{22}||\boldsymbol{A}_{11} - \boldsymbol{A}_{12}\boldsymbol{A}_{22}^{-1}\boldsymbol{A}_{21}|$$

另外，在筛选变量过程中，要计算许多行列式，在建立判别函数时往往还要算逆矩阵，因此需要有一套方便的计算方法，这就是消去变换法。

引入变量的检验统计量。假定计算 l 步，并且变量 $x_1, x_2, \cdots, x_L$ 已选入（L 不一定等于 l），考察第 $l+1$ 步添加一个新变量 x_r 的判别能力，此时将变量分成两组，第一组为前 L 个已选入的变量，第二组仅有一个变量 x_r，此时 $L+1$ 个变量的组内离差阵和总离差阵仍分别为 $\boldsymbol{E}$ 和 $\boldsymbol{T}$。

$$\boldsymbol{E} = \begin{matrix} & L & 1 \\ L & \\ 1 & \end{matrix} \begin{bmatrix} \boldsymbol{E}_{11}^L & \boldsymbol{E}_{12}^L \\ \boldsymbol{E}_{21} & \boldsymbol{E}_{22} \end{bmatrix} = \begin{bmatrix} e_{11} & e_{12} & \cdots & e_{1L} & e_{1r} \\ e_{21} & e_{22} & \cdots & e_{2L} & e_{2r} \\ \vdots & \vdots & \ddots & \vdots & \vdots \\ e_{L1} & e_{L2} & \cdots & e_{LL} & e_{Lr} \\ e_{r1} & e_{r2} & \cdots & e_{rL} & e_{rr} \end{bmatrix}$$

式中，$\boldsymbol{E}_{12}' = \boldsymbol{E}_{21} = (e_{1r}, e_{2r}, \cdots, e_{Lr})'$。

$$\boldsymbol{T} = \begin{matrix} & L & 1 \\ L & \\ 1 & \end{matrix} \begin{bmatrix} \boldsymbol{T}_{11}^L & \boldsymbol{T}_{12}^L \\ \boldsymbol{T}_{21} & \boldsymbol{T}_{22} \end{bmatrix} = \begin{bmatrix} t_{11} & t_{12} & \cdots & t_{1L} & t_{1r} \\ t_{21} & t_{22} & \cdots & t_{2L} & t_{2r} \\ \vdots & \vdots & & \vdots & \vdots \\ t_{L1} & t_{L2} & \cdots & t_{LL} & t_{Lr} \\ t_{r1} & t_{r2} & \cdots & t_{rL} & t_{rr} \end{bmatrix}$$

式中，$\boldsymbol{T}_{12}' = \boldsymbol{T}_{21} = (t_{1r}, t_{2r}, \cdots, t_{Lr})$。

由于 $|\boldsymbol{E}| = |\boldsymbol{E}_{11}|e_{rr}^{(1)}$，$e_{rr}^{(1)} = |\boldsymbol{E}_{22} \leftarrow \boldsymbol{E}_{21}\boldsymbol{E}_{11}^{-1}\boldsymbol{E}_{12}| = \boldsymbol{E}_{22} - \boldsymbol{E}_{21}\boldsymbol{E}_{11}^{-1}\boldsymbol{E}_{12} = e_{rr} - \boldsymbol{E}_{r1}\boldsymbol{E}_{11}^{-1}\boldsymbol{E}_{1r}$（注意，上式行列式里是一个数，所以可去掉行列式符号，r 相当于 2）。

同理

$$|\boldsymbol{T}| = |\boldsymbol{T}_{11}|t_{rr}^{(l)}$$

其中，

$$t_{rr}^{(l)} = \boldsymbol{T} - \boldsymbol{T}_{21}\boldsymbol{T}_{11}^{-1}\boldsymbol{T}_{12} = \boldsymbol{T}_{rr} - \boldsymbol{T}_{r1}\boldsymbol{T}_{11}^{-1}\boldsymbol{T}_{1r}$$

于是可以得到

$$\frac{|\boldsymbol{E}|}{|\boldsymbol{T}|} = \frac{|\boldsymbol{E}_{11}|e_{rr}^{(l)}}{|\boldsymbol{T}_{11}|t_{rr}^{(l)}}$$

即

$$\Lambda_{L+1} = \Lambda_L \times (e_{rr}^{(l)})/(t_{rr}^{(l)})$$

所以

$$(\Lambda_L/\Lambda_{L+1}) - 1 = (t_{rr}^{(l)} - e_{rr}^{(l)})/e_{rr}^{(l)} \overset{\triangle}{=} (1 - A_r)/(A_r)$$

式中，$A_r = e_{rr}^{(l)}/t_{rr}^{(l)}$。

将上式代入 Rao 近似式中，得到引入变量的检验统计量：

$$F_{1r} = \frac{1 - A_r}{A_r} \cdot \frac{n - l - k}{k - 1} \sim F(k-1, n-l-k)$$

若 $F_{1r} > F_a(k-1, n-l-k)$，则 x_1 判别能力显著，我们将判别能力显著的变量中最大的变量（即使 A_r 为最小的变量）作为入选变量，记为 x_{l+1}。

值得强调的是，不管引入变量还是剔除变量，都需要对相应的矩阵 E 和 T 作一次消去变换，如不妨设第一个引入的变量是 x_1，这时就要对 E 和 T 同时进行消去第一列的变换得到 $E^{(1)}$ 和 $T^{(1)}$，接着考虑引入第二个变量，经过检验认为显著的变量，不妨设是 x_2，这时就要对 $E^{(1)}$ 和 $T^{(1)}$ 同时进行消去第二列的变换得到对 $E^{(2)}$ 和 $T^{(2)}$，对剔除变量也如此。

剔除变量的检验统计量。考察对已入选变量 x_r 的判别能力，可以设想已计算了 l 步，并引入了包括 x_r 在内的某 L 个为量（L 不一定等于 l）。考察拟在第 $l+1$ 步剔除变量 x_r 的判别能力，为方便起见，可以假设 x_r 是在第 l 步引入的，即前 $l-1$ 步引进了不包括 x_r 在内的 $l-1$ 个变量。因此问题转化为考察第 l 步引入变量 x_r（当其他 $l-1$ 个变量已给定时）的判别能力，此时有

$$A_r = \frac{e_{rr}^{(l-1)}}{t_{rr}^{(l-1)}}$$

对相应的 $E^{(l)}$、$T^{(l)}$ 再作一次消去变换有

$$e_{ij}^{(l+l)} = \begin{cases} \dfrac{e_{rj}^{(l)}}{e_{rr}^{(l)}} & (i = r, j \neq r) \\[3mm] e_{ij}^{(l)} - \dfrac{e_{ir}^{(l)} e_{rj}^{(l)}}{e_{rr}^{(l)}} & (i \neq r, j \neq r) \\[3mm] \dfrac{1}{e_{rr}^{(l)}} & (i = r, j = r) \\[3mm] -\dfrac{e_{ir}^{(l)}}{e_{rr}^{(l)}} & (i \neq r, j = r) \end{cases}$$

$$t_{ij}^{(l+l)} = \begin{cases} \dfrac{t_{rj}^{(l)}}{t_{rr}^{(l)}} & (i = r, j \neq r) \\[3mm] t_{ij}^{(l)} - \dfrac{t_{ir}^{(l)} t_{rj}^{(l)}}{t_{rr}^{(l)}} & (i \neq r, j \neq r) \\[3mm] \dfrac{1}{t_{rr}^{(l)}} & (i = r, j = r) \\[3mm] -\dfrac{t_{ir}^{(l)}}{t_{rr}^{(l)}} & (i \neq r, j = r) \end{cases}$$

于是

$$A_r = \frac{\dfrac{1}{e_{rr}^{(l)}}}{\dfrac{1}{t_{rr}^{(l)}}} = \frac{t_{rr}^{(l)}}{e_{rr}^{(l)}}$$

从而得到剔除变量的检验统计量：

$$F_{2r} = \frac{1 - A_r}{A_r} \cdot \frac{n - (L-1) - m}{m-1} \sim F(k-1, n-(L-1)-k)$$

在已入选的所有变量中，找出具有最大 A_r（即最小 F_{2r}）的一个变量进行检验。若 $F_{2r} \leqslant F_a$，则认为判别能力不显著，可把它从判别式中剔除。

基本步骤：

步骤一，准备工作。① 计算各总体中各变量的均值和总均值以及 $\boldsymbol{E} = (e_{ij})_{p \times p}$ 和 $\boldsymbol{T} = (t_{ij})_{p \times p}$。② 规定引入变量和剔除变量的临界值 $F_{进}$ 与 $F_{出}$（取临界值 $F_{进} \geqslant F_{出} \geqslant 0$，以保证逐步筛选变量过程必在有限步后停止）在利用电子计算机计算时，通常临界值的确定不是查分布表，而是根据具体问题，事先给定。临界值是随着引入变量或剔除变量的个数而变化的，但是当样本容量 n 很大时，它们的变化甚微，所以一般取 $F_{进} = F_{出} \triangleq F_a$，如果想少选入几个变量可取 $F_{进} = F_{出} = 10, 8$。如果想多选入变量可取 $F_{进} = F_{出} = 1, 0.5$，显然如果取 $F_{进} = F_{出} = 0$ 则全部变量都被引入。

步骤二，逐步计算。假设已计算 l 步（包括 $l = 0$），在判别式中引入了 L 个变量，不妨设 $x_1, x_2, \cdots, x_L$，则第 $l+1$ 步计算内容如下：

计算全部变量的"判别能力"。

对未选入变量 x_i 计算

$$A_i = \frac{e_{ii}^{(l)}}{t_{ii}^{(l)}} \quad (i = L+1, \cdots, P)$$

对已选入变量 x_j 计算

$$A_j = \frac{t_{ii}^{(l)}}{e_{ii}^{(l)}} \quad (j = 1, \cdots, L)$$

在已入选变量中考虑剔除可能存在的最不显著变量，取最大的 A_j（即最小的 F_{2j}）。假设 $A_r = \max_{j \in L}\{A_j\}$，这里 $j \in L$ 表示 x_j 属于入选变量。作 F 检验，剔除变量时统计量为

$$F_{2r} = \frac{1 - A_r}{A_r} \cdot \frac{n - k - (L-1)}{k-1}$$

若 $F_{2r} \leqslant F_{出}$，则剔除 x_r，然后对 $\boldsymbol{E}^{(l)}$ 和 $\boldsymbol{T}^{(l)}$ 作消去变换。

若 $F_{2r} > F_{出}$，则从未入选变量中选出最显著变量，找出最小的 A_i（即最大的 F_{1i}）。假设 $A_r = \min_{i \in L}\{A_i\}$，这里 $i \in L$ 表示 x_i 属于未入选变量。作 F 检验，引入变量时统计量为

$$F_{1r} = \frac{1 - A_r}{A_r} \cdot \frac{n - k - L}{k-1}$$

若 $F_{1r} > F_{进}$,则引入 x_r,然后对 $\boldsymbol{E}^{(l)}$ 和 $\boldsymbol{T}^{(l)}$ 作消去变换。

在第 $l+1$ 步计算结束后,再重复上面的操作直至不能剔除又不能引入新变量时,逐步计算结束。

步骤三,建立判别式,对样品判别分类。

经过步骤二选出重要变量后,可用各种方法建立判别函数和判别准则,这里使用贝叶斯判别法建立判别式,假设共计算 $l+1$ 步,最终选出 L 个变量,设判别式为

$$y_g = l_1 q_g + C_0^{(g)} + \sum_{i=1}^{L} C_i^{(g)} x_i \quad (g = 1, \cdots, k)$$

将每一个样品 $x = (x, \cdots, x_p)'$(x 可以是一个新样品,也可以是原来 n 个样品之一)分别代入 k 个判别式 y_g 中。若 $y(h/x) = \max\limits_{1 \leqslant g \leqslant k} \{y(g/x)\}$,则 $x \in$ 第 h 总体。

注意,在逐步计算中,每步都是先考虑剔除,后考虑引入,但开头几步一般都是先引入,而后才开始剔除,实际问题中引入后又剔除的情况不多,而剔除后再重新引入的情况更少见。由算法可知,用逐步判别选出的 L 个变量,一般不是所有 L 个变量组合中最优的组合(因为每次引入都是在保留已引入变量基础上引入新变量),但在 L 不大时,往往是最优的组合。

3) 程序语句:

```
StepwiseDiscriminant(
  x: array_like or pd.DataFrame,
  y: array_like or pd.Series,
  criteria, processing = 'dummy_drop_first'
)
```

参数说明:

参数名称	参数说明
x	必选,原始值
y	必选,原始值
criteria	必选,评判标准

4) 案例:再次对 14.4 节的案例中全国 30 个省(自治区、直辖市)1994 年的影响各地区经济增长差异的 4 项制度变量 (x_1, x_2, x_3, x_4) 作逐步判别分析。

答案:计算两类地区各变量的均值、组内离差阵、总离差阵。

$$\overline{x}^{(1)} = (15.73636 \quad 65.02818 \quad 25.14909 \quad 73.80455)'$$

$$\overline{x}^{(2)} = (11.5625 \quad 40.10625 \quad 9.228125 \quad 58.105)'$$

$$\boldsymbol{W} = \begin{bmatrix} 246.363 & 599.6235 & 356.9592 & 146.5192 \\ 599.6235 & 5301.402 & 41.63917 & 1743.296 \\ 356.9592 & 41.63917 & 5050.86 & 237.839 \\ 136.5192 & 1743.296 & 237.839 & 1602.955 \end{bmatrix}$$

$$T = \begin{bmatrix} 359.923 & 1277.685 & 790.1274 & 563.6631 \\ 1277.685 & 9350.071 & 2628.065 & 4293.751 \\ 790.1274 & 2628.065 & 6703.156 & 1867.155 \\ 563.6631 & 4293.751 & 1867.155 & 3209.612 \end{bmatrix}$$

逐步计算，取 $F_1 = 2.5$，$F_2 = 2$。

步骤一，$L = 0$。计算，$A_1 = 0.684\ 488$、$A_2 = 0.566\ 991$、$A_3 = 0.753\ 505$、$A_4 = 0.499\ 423$（最小）。

本步无剔除，考虑引进 x_4。$F = 25.057\ 72 > 2.5$，故引进 x_4。

步骤二，$L = 1$。计算，$A_1 = 0.449\ 281$、$A_2 = 0.471\ 654$、$A_3 = 0.4452$（最小）。

本步无剔除（因只引进一个 x_4），考虑引进 x_3。$F = 2.877\ 704 > 2.5$，故引进 x_3。

步骤三，$L = 2$。对已入选的变量计算，$A_3 = 0.753\ 505$（最大）、$A_4 = 0.499\ 423$。

考虑 x_3 的剔除。$F = 2.877\ 704 > 2$，故 x_3 不能剔除。

对未入选变量计算，$A_1 = 0.424\ 415$、$A_2 = 0.420\ 346$（最小）。

考虑 x_2 的引进。$F = 1.401\ 059 > 2.5$，故 x_2 不能引进。

至此既无变量剔除又无变量可引入，故逐步计算结束。

计算结果：判别函数为

$$f_1 = -0.897\ 94 - 43.8774 + 0.070\ 771 x_3 + 1.140\ 569 x_4$$

$$f_2 = -0.523\ 25 - 26.852 + 0.003\ 024 x_3 + 0.905\ 768 x_4$$

检验判别效果，回判结果如下：

样品序号	原组号	回判组号	后验概率
1	1	1	0.754 708
2	1	1	0.661 663
3	1	1	0.781 206
4	1	1	0.753 59
5	1	1	0.656 633
6	1	1	0.934 712
7	1	1	0.993 773
8	1	1	0.926 038
9	1	1	0.999 479
10	1	2	0.866 702
11	1	1	0.786 279
12	2	2	0.862 318
13	2	2	0.634 741
14	2	2	0.848 392
15	2	2	0.696 018
16	2	2	0.835 355
17	2	2	0.977 287
18	2	2	0.654 767
19	2	2	0.941 502
20	2	2	0.928 508
21	2	2	0.991 029
22	2	2	0.902 715
23	2	2	0.582 598
24	2	2	0.972 714
25	2	2	0.999 114
26	2	2	0.996 52
27	2	2	0.986 391

待判样品的判别结果如下：

样品序号	判属组号	后验概率
28	1	0.585 795
29	2	0.945 178
30	3	0.972 422

计算结果表明影响各地区经济增长差异的制度变量主要是市场化程度（x_4）和开放度（x_3），其回判的结果与实际是相符的。

第 15 章 插 值

15.1 一维线性插值

1) 功能：依据给定两个节点上的函数值，构造线性函数，计算指定插值点处的函数值。

2) 方法说明：给定互异点 x_1、x_2，对应函数值为 y_1、y_2，则插值点 x 的值为

$$y = y_1 \frac{x - x_2}{x_1 - x_2} + y_2 \frac{x - x_1}{x_2 - x_1}$$

3) 语句：

```
scipy.interpolate.interp1d(
    x, y, kind = 'linear', axis =-1, copy = True, bounds_error = None,
    fill_value = nan, assume_sorted = False
)
```

参数说明：

	参数名称	参数说明
输入参数	x	一维数组
	y	N 维数组，其中插值维度的长度必须与 x 长度相同
	kind	字符串或整数（可选），默认值是 linear，给出插值的样条曲线的阶数，可选'linear'、'nearest'、'nearest-up'、'zero'、'slinear'、'quadratic'、'cubic'、'previous' 等
	axis	整数（可选），操作轴，指定要插值的 y 轴。内插的默认值是最后一个 y 轴
	copy	bool 类型（可选），如果是 True，该类会对 x 和 y 进行内部拷贝；如果是 False，则使用对 x 和 y 的引用。默认是复制
	bounds_error	bool 类型（可选），如果为 True，则任何时候尝试对 x 范围之外的值进行插值都会引发 ValueError(需要进行插值)。如果为 False，则分配超出范围的值 fill_value。默认情况下会引发错误，除非 fill_value='extrapolate'
	fill_value	数组或者'extrapolate'（可选），如果是 ndarray(或 float)，则此值将用于填充数据范围之外的请求点。如果未提供，则默认值为 NaN
	assume_sorted	bool 类型（可选），如果为 False，则 x 的值可以按任何顺序排列，并且将首先对其进行排序。如果为 True，则 x 必须是单调递增值的数组
输出参数	m	指定插值点上的函数值

4) 案例：已知（140°E, 30°N）和（140°E, 31°N）的温度分别为 25℃ 和 24℃，用线性插值方法求（140°E, 30.2°N）的温度值。

答案：24.8。

15.2 一维 N 阶拉格朗日插值

1) 功能：根据给定节点上的函数值，采用拉格朗日插值公式，计算指定插值点处的函数值。

2) 方法说明：给定 $N+1$ 个不等距节点 $x_0 < x_1 < \cdots < x_{n-1} < x_n$ 以及相应的函数值 $y_1, y_2, \cdots, y_{n-1}, y_n$。

则在指定插值点处 x 的函数值为 $y = \sum\limits_{i=0}^{n}\left(\prod\limits_{j \neq i, j=0}^{n} \dfrac{x - x_j}{x_i - x_j}\right) y_i$。当 $N = 1$ 时，通过两点构造插值函数，拉格朗日插值简化为一维线性插值，当 $N = 2$ 时，通过三点构造插值函数，拉格朗日插值简化为抛物线插值。

3) 程序语句：

```
scipy.interpolate.lagrange(x, w)
```

参数说明：

	参数名称	参数说明
输入参数	x	数组，x 代表一组数据点的 x 坐标
	w	数组，w 代表一组数据点额的 y 坐标
输出参数	lagrange	numpy.poly1d 实例，拉格朗日插值多项式

4) 案例：已知 $(140°E, 28°N)$、$(140°E, 29°N)$、$(140°E, 30°N)$、$(140°E, 31°N)$、$(140°E, 32°N)$ 的温度值分别为 $26℃$、$25.4℃$、$25℃$、$24℃$、$24.4℃$，用 4 阶拉格朗日插值方法计算 $(140°E, 30.2°N)$ 的温度值。

答案：24.824 32。

15.3　埃尔米特插值

1) 功能：根据给定节点上的函数值及一阶导数值，采用埃尔米特（Hermite）插值方法，计算插值点处的函数值。

2) 方法说明：设已知 $f(x)$ 节点在 n 个节点 $x_1 < x_2 < \cdots < x_{n-1} < x_n$ 的函数值和一阶导数值 $y_1, y_2, \cdots, y_{n-1}, y_n$ 和 $y_1', y_2', \cdots, y(n-1)', y_n'$。

则在指定插值点处 x 的函数值为 $f(x) = \sum\limits_{i=1}^{n}[y_i + (x - x_i)(y_i' - 2y_i l_i'(x_i))]l_i^2(x)$。

其中，$l_i(x) = \prod\limits_{j=1, j \neq i}^{n} \dfrac{x - x_j}{x_i - x_j}$；$l_i'(x_i) = \sum\limits_{j=1, j \neq i}^{n} \dfrac{1}{x_i - x_j}$。

3) 程序语句：

```
class Hermite(x, y, dy)
```

参数说明：

参数名称	参数说明
x	数组，原始 x 值
y	数组，原式 y 值
dy	数组，对应导数值

4) 方法:

```
__call__(x_new)
```

参数说明:

参数名称	参数说明
x_new	1-D 数组,需要计算的值
NumberOrArray	返回值,插值计算结果

5) 案例: 已知以下几个节点上的函数值和一阶导数值:

x	0.1	0.5	0.9	1.6	2.0
$f(x)$	0.9	0.8	1.2	1.6	2.0
$f'(x)$	1.2	0.2	0.7	0.4	0.8

计算 $f(x)$ 在 $x = 1.8$ 时的函数值。

答案: 1.685 44。

15.4 埃特金插值

1) 功能: 根据给定节点上的函数值,采用埃特金(Aitken)插值方法,计算插值点处的函数值。

2) 方法说明: 设已知 $f(x)$ 在 n 个节点 $x_1 < x_2 < \cdots < x_n - 1 < x_n$ 上的函数值 $y_1, y_2, \cdots, y_n - 1, y_n$。

采用埃特金插值计算 $x = t$ 的函数值,其计算步骤如下:

步骤一,以 t 点为中心,选择离 t 点最近的 m 个节点,并将这 m 个节点按其离 t 点的距离远近,从近到远的顺序重新排列,重排后的数组记为数组 $xm(k)$,相应的函数值记为 $ym(k)(k = 1, \cdots, m)$。在实际计算过程中,当 $n > 10$ 时,通常取 $m = 10$;当 $n < 10$ 时,通常取 $m = n$。

步骤二,给定 t 点函数初估值为 $f(x) = ym(1)$。

步骤三,计算 $f(x_2)$,然后计算插值误差估计 err $=$ abs$(f(x_2) - f(x_1))$。如果 err 小于等于指定的误差阈值 ε,则 $f(x_2)$ 的值即为 t 点的函数值;如果 err 大于指定的误差阈值 ε,令 $f^*(x_3) = f(x_2)$,继续计算 $f(x_3)$ 的值。重复类似过程,一直到 err 小于等于指定的误差阈值 ε,则此时的 $f(x)$ 即为 t 点的函数值;如果一直计算到 $f(x_m)$,err 依然大于指定的误差阈值 ε,则 $f(x_m)$ 即为 t 点的函数值。

其中,$f(x_i)$ 可用以下公式迭代求解:

$$f(x_i) = ym(j-1) + \left[t - xm(j-1) \left(\frac{ym(j-1) - f^*(x_i)}{xm(j-1) - xm(i)} \right) \right] \quad (j = 2, \cdots, i)$$

$$f^*(x_i) = f(x_i)$$

迭代过程中，j 的前一次计算（如 $j=k$），会计算出对应的 $f(x_i)$；该 $f(x_i)$ 的值将当成下一次迭代（如 $j=k+1$）时的 $f^*(x_i)$。如此循环，实现 $f(x_i)$ 的迭代求解。

3) 程序语句：

```
class Aitken(x, y, eps = 1e-6)
```

参数说明：

参数名称	参数说明
x	1-D 数组
y	1-D 数组
eps	误差值（可选）

4) 方法：

```
__call__(x_new)
```

参数说明：

参数名称	参数说明
x_new	1-D 数组，需要计算的值
NumberOrArray	返回值，插值计算结果

5) 案例：设函数 $f(x)$ 在五个节点上的函数值为

X	1.615	1.634	1.702	1.828	1.921
$f(x)$	2.414 50	2.464 59	2.652 71	3.030 35	3.340 66

用埃特金插值方法计算 $f(1.682)$ 与 $f(1.813)$ 的近似值。
答案：2.596 12、2.983 32。

15.5 第一种边界条件下的三次样条函数插值

1) 功能：根据给定节点上的函数值及第一种边界条件，利用三次样条函数计算插值点处的函数值。

2) 方法说明：设已知函数 $y = f(x)$ 在给定节点 $x_1 < x_2 < \cdots < x_{n-1} < x_n$ 上的函数值 $y_1, y_2, \cdots, y_{n-1}, y_n$ 以及两端点上的一阶导数值 $y'(x_1)$ 与 $y'(x_n)$。

计算其余 $n-2$ 个节点上的导数值 $y'(x_j)(j=2,3,\cdots,n-1)$，计算公式为

$$a_1 = 0, b_1 = y'(x_1)$$

$$h_j = x_{j+1} - x_j \quad (j = 1, 2, \cdots, n-1)$$

$$\alpha_j = \frac{h_{j-1}}{(h_{j-1}+h_j)} \quad (j=2,3,\cdots,n-1)$$

$$\beta_j = 3\left[(1-\alpha_j)\frac{(y_j-y_{j-1})}{h_{j-1}} + \frac{\alpha_j(y_{j+1}-y_j)}{h_j}\right] \quad (j=2,3,\cdots,n-1)$$

$$a_j = -\frac{\alpha_j}{2+(1-\alpha_j)a_{j-1}} \quad (j=2,3,\cdots,n-1)$$

$$b_j = \frac{\beta_j-(1-\alpha_j)b_{j-1}}{2+(1-\alpha_j)a_{j-1}} \quad (j=2,3,\cdots,n-1)$$

$$y'(x_i) = a_j y'(x_{j+1}) + b_j \quad (j=n-1,n-2,\cdots,2)$$

则在指定插值点处 $x=s$ 的函数值为

$$y(s) = \left[\frac{3}{h_i^2}(x_{i+1}-s)^2 - \frac{2}{h_i^3}(x_{i+1}-s)^3\right]y_i + \left[\frac{3}{h_i^2}(s-x_i)^2 - \frac{2}{h_i^2}(s-x_i)^3\right]y_{i+1}$$

$$+h_i\left[\frac{1}{h_i^2}(x_{i+1}-s)^2 - \frac{1}{h_i^3}(x_{i+1}-s)^3\right]y'(x_i) - h_i\left[\frac{1}{h_i^2}(s-x_i)^2 - \frac{1}{h_i^3}(s-x_i)^3\right]y'(x_{i+1})$$

式中，$s \in [x_i, x_{i+1}]$。

3) 程序语句：

```
class CubicSplineFunction(x,y,*, condition, **kwargs)
```

参数说明：

参数名称	参数说明
x	一维数组，长度与 y 一致
y	一维数组，长度与 x 一致
condition	数字，第一种边界条件为 1，第二种边界条件为 2
kwargs	d: 列表，长度为 2，第一种边界条件与第二种边界条件时必须包含该参数，表示两端的导数值

4) 方法：

计算给定的新数组的插值结果

```
__call__(x_new)
```

参数说明：

参数名称	参数说明
x_new	一维数组，需要进行插值的新数组
m	退回数组，插值结果

5) 案例：已知以下几个节点上的函数值以及在两端点上的函数值 $y_1' = 1.86$，$y_{10}' = -0.05$，计算 $x = 4.0$ 的函数值。

X	0.5	8.0	17.9	28.6	50.6	104.6
Y	5.3	13.8	20.2	24.9	31.1	36.5
X	156.6	260.7	364.4	468.	507.	520.
Y	36.6	31.0	20.9	7.8	1.5	0.2

答案：10.33。

15.6 第二种边界条件下的三次样条函数插值

1) 功能：根据给定节点上的函数值及第二种边界条件，利用三次样条函数计算指定节点上的函数值。

2) 方法说明：设已知函数 $y = f(x)$ 在给定节点 $x_1 < x_2 < \cdots x_{n-1} < x_n$ 上的函数值 $y_1, y_2, \cdots, y_{n-1}, y_n$ 以及两端点上的二阶导数值 $y''(x_1)$ 与 $y''(x_n)$。

计算 n 个节点上的导数值 $y'(x_j)(j = 1, 2, \cdots, n)$，计算公式为

$$a_1 = -0.5$$

$$b_1 = \frac{3(y_2 - y_1)}{2(x_2 - x_1)} - \frac{x_2 - x_1}{4}y''(x_1)$$

$$h_j = x_{j+1} - x_j \quad (j = 1, 2, \cdots, n-1)$$

$$\alpha_j = \frac{h_{j-1}}{h_{j-1} + h_j} \quad (j = 2, 3, \cdots, n-1)$$

$$\beta_j = 3\left[(1-\alpha_j)\frac{(y_j - y_{j-1})}{h_{j-1}} + \frac{\alpha_j(y_{j+1} - y_j)}{h_j}\right] \quad (j = 2, 3, \cdots, n-1)$$

$$a_j = -\frac{\alpha_j}{2 + (1-\alpha_j)a_{j-1}} \quad (j = 2, 3, \cdots, n-1)$$

$$b_j = \frac{\beta_j - (1-\alpha_j)b_{j-1}}{2 + (1-\alpha_j)a_{j-1}} \quad (j = 2, 3, \cdots, n-1)$$

$$y'(x_n) = \frac{\frac{3(y_n - y_{n-1})}{h_{n-1}} + \frac{y''(x_n)h_{n-1}}{2} - b_{n-1}}{2 + a_{n-1}}$$

$$y'(x_j) = a_j y'(x_{j+1}) + b_j \quad (j = n-1, n-2, \cdots, 1)$$

接下来的插值方法同第一种边界条件的三次样条函数插值方法相同，即 $x = s$ 处的函数值为

$$y(s) = \left[\frac{3}{h_i^2}(x_{i+1} - s)^2 - \frac{2}{h_i^3}(x_{i+1} - s)^3 \right] y_i + \left[\frac{3}{h_i^2}(s - x_i)^2 - \frac{2}{h_i^2}(s - x_i)^3 \right] y_{i+1}$$
$$+ h_i \left[\frac{1}{h_i^2}(x_{i+1} - s)^2 - \frac{1}{h_i^3}(x_{i+1} - s)^3 \right] y'(x_i)$$
$$- h_i \left[\frac{1}{h_i^2}(s - x_i)^2 - \frac{1}{h_i^3}(s - x_i)^3 \right] y'(x_{i+1})$$

式中，$s \in [x_i, x_{i+1}]$。

3) 程序语句：

```
class CubicSplineFunction(x, y, *, condition, **kwargs)
```

参数说明：

参数名称	参数说明
x	一维数组，长度与 y 一致
y	一维数组，长度与 x 一致
condition	数字，第一种边界条件为 1，第二种边界条件为 2
kwargs	d：列表，长度为 2，第一种边界条件与第二种边界条件时必须包含该参数，表示两端的导数值

4) 方法：

计算给定的新数组的插值结果

```
__call__(x_new)
```

参数说明：

参数	参数说明
x_new	一维数组，需要进行插值的新数组
m	返回数组，插值结果

5) 案例：已知以下几个节点上的函数值以及在两端点上的函数值 $y_1'' = -0.28$，$y_{10}'' = 0.01$，计算 $x = 4.0$ 的函数值。

x	0.5	8.0	17.9	28.6	50.6	104.6
y	5.3	13.8	20.2	24.9	31.1	36.5
x	156.6	260.7	364.4	468.	507.	520.
y	36.6	31.0	20.9	7.8	1.5	0.2

答案：10.3259。

15.7 二元三点插值

1) 功能：根据给定矩形域 $n \times m$ 个节点上的函数值，用二元三点插值公式计算指定插值点处的函数值。

2) 方法说明：已知矩形域上 $n \times m$ 个节点在两个方向上的坐标分别为 $x_1 < x_2 < \cdots < x_{n-1} < x_n$，$y_1 < y_2 < \cdots < y_{m-1} < y_m$。其相应的函数值为 $z_{ij} = z(x_i, y_i)$ $(i = 1, 2, \cdots, n; j = 1, 2, \cdots, m)$。计算插值点 (v, ν) 处的函数值 $\omega = z(v, \nu)$。

选取最靠近插值点 (v, ν) 的 9 个节点，设其两个方向上的坐标分别为 $x_p < x_{p+1} < x_{p+2}$ 及 $y_q < y_{q+1} < y_{q+2}$。然后用二元三点插值公式

$$z(x, y) = \sum_{i=p}^{p+2} \sum_{j=q}^{q+2} \left(\prod_{\substack{k=p \\ k \neq i}}^{p+2} \frac{x - x_k}{x_i - x_k} \right) \left(\prod_{\substack{l=q \\ l \neq i}}^{q+2} \frac{y - y_l}{y_i - y_l} \right) z_{ij}$$

计算插值点 (v, ν) 处的函数近似值。

3) 程序语句：

```
class TripleVarTwoPoint(x, y, z)
```

参数说明：

参数	参数说明
x	2-D 数组
y	2-D 数组
z	2-D 数组

4) 方法：

```
__call__(x_new, y_new)
```

参数说明：

参数名称	参数说明
x_new	浮点数，插值计算的 x 坐标
y_new	浮点数，插值计算的 y 坐标
Number	返回值，插值计算结果

5) 案例：给定一个 5×5 矩形区域的坐标及函数值

指标	$x_1=120$	$x_2=121$	$x_3=122$	$x_4=123$	$x_5=124$
$y_1=30$	28	26	27	26	26.4
$y_2=31$	28.5	27.3	28.7	27.2	28.3
$Y_3=32$	28.6	28.3	29	26.8	28.3
$Y_4=33$	27.3	28.8	29.1	27	28.4
$Y_5=34$	27.8	29.8	29.4	28.4	27.8

计算坐标点（122.3，32.3）的函数值。

计算结果：28.65。

15.8　双线性插值

1) 功能：给定矩形域 $n \times m$ 个节点上的函数值，用双线性插值方法计算指定插值点上的函数值。

2) 方法说明：已知矩形域上 $n \times m$ 个节点在两个方向上的坐标分别为

$$x_1 < x_2 < \cdots < x_{n-1} < x_n$$
$$y_1 < y_2 < \cdots < y_{m-1} < y_m$$

其相应的函数值为 $z_{ij} = z(x_i, y_i) \quad (i = 1, 2, \cdots, n; j = 1, 2, \cdots, m)$。计算插值点 (υ, ν) 处的函数值 $\omega = z(\upsilon, \nu)$。

选取靠近插值点 (υ, ν) 的四个节点，$x_p < x_{p+1}$，$y_p < y_{p+1}$。

先沿 x 方向进行一维线性插值，即基于 (x_p, y_q)、(x_{p+1}, y_q) 计算得到 (u, y_q) 的值，基于 (x_p, y_{q+1})、(x_{p+1}, y_{q+1}) 计算得到 (u, y_{q+1}) 的值。

再沿 y 方向进行一维线性插值，即基于 (u, y_q)、(u, y_{q+1}) 计算得到坐标 (u, v) 的函数值。

3) 程序语句：

```
scipy.interpolate.interp1d(
    x, y, kind = 'linear', axis = -1, copy = True, bounds_error = None,
    fill_value = nan, assume_sorted = False
)
```

参数说明：

	参数名称	参数说明
输入参数	x	一维数组
	y	N 维数组，其中插值维度的长度必须与 x 长度相同
	kind	字符串或整数（可选），默认值是 linear，给出插值的样条曲线的阶数，可选'linear'、'nearest'、'nearest-up'、'zero'、'slinear'、'quadratic'、'cubic'、'previous' 等
	axis	整数（可选），操作轴，指定要插值的 y 轴。内插的默认值是最后一个 y 轴
	copy	bool 类型（可选），如果是 True，该类会对 x 和 y 进行内部拷贝；如果是 False，则使用对 x 和 y 的引用。默认是复制
	bounds_error	bool 类型（可选），如果为 True，则任何时候尝试对 x 范围之外的值进行插值都会引发 ValueError(需要进行插值)。如果为 False，则分配超出范围的值 fill_value。默认情况下会引发错误，除非 fill_value='extrapolate'
	fill_value	数组或者'extrapolate'（可选），如果是 ndarray(或 float)，则此值将用于填充数据范围之外的请求点。如果未提供，则默认值为 NaN
	assume_sorted	bool 类型（可选），如果为 False，则 x 的值可以按任何顺序排列，并且将首先对其进行排序。如果为 True，则 x 必须是单调递增值的数组
输出参数	m	指定插值点上的函数值

4) 案例：给定一个 5×5 矩形区域的坐标及函数值，计算坐标点（122.3，32.3）的函数值。

指标	$x_1 = 120$	$x_2 = 121$	$x_3 = 122$	$x_4 = 123$	$x_5 = 124$
$y_1 = 30$	28	26	27	26	26.4
$y_2 = 31$	28.5	27.3	28.7	27.2	28.3
$Y_3 = 32$	28.6	28.3	29	26.8	28.3
$Y_4 = 33$	27.3	28.8	29.1	27	28.4
$Y_5 = 34$	27.8	29.8	29.4	28.4	27.8

答案：28.38。

15.9　反距离权重插值

1) 功能：实现数据从非规则网格上向规则网格上的插值，常常应用于将观测数据插值到规则网格上。

2) 方法说明：以格点 g 为圆心，R 为半径的圆形区域内有 N 个测站，则 g 点的值可以用以下公式计算

$$F_g = \frac{\sum\limits_{i=1}^{N} w_i F_i}{\sum\limits_{i=1}^{N} w_i}$$

式中，F_i 为测站的值；F_g 为插值出来的 g 点的值；N 为插值圆形区域内的测站数；w_i 为各测站对 g 点贡献的权重。权重差值方法示意如图所示。

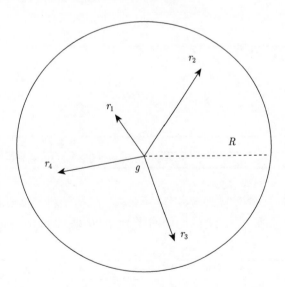

权重系数通常取为

$$\begin{cases} w_i = \dfrac{R^2 - r^2}{R^2 + r^2} & (r_i \leqslant R) \\[2mm] w_i = 0 & (r_i > R) \end{cases}$$

式中，r_i 为第 i 个测站到插值点 g 的距离。

程序接口：

输入。站点个数 N，站点经度 lon(N)，站点纬度 lat(N)，搜寻半径 R，规则网格起始经纬度 lons、lats，结束经纬度，纬向网格数 N_1，经向网格数 N_2。

输出。规则网格上的变量 var(N_1,N_2)。

3) 程序语句：

```
class ReverseDistance(
    lon, lat, lon1, lon2, lat1, lat2, d_lon, d_lat, r, v
)
```

参数说明：

参数名称	参数说明
lon	1-D 数组，站点经度
lat	1-D 数组，站点纬度
lon1	浮点数，插值格点左下角经度
lon2	浮点数，插值格点右下角经度
lat1	浮点数，插值格点左下角纬度
lat2	浮点数，插值格点左下角纬度
$d\_$lon	浮点数，格点经度差
$d\_$lat	浮点数，格点纬度差
r	浮点数，有效半径
v	1-D 数组，各站点值

4) 方法：

参数说明：

类型	参数说明
Out	返回值，二维数组，插值范围内的值

5) 案例：已知以下 12 个站点观测，用反距离权重插值法将其插值到经度为 92°E~96°E，纬度为 24°N~35°N，分辨率为 1° 的均匀网格上去（R 取 500km）。

经度/°E	92.9	95.4	92.3	94.9	91.6	94.3	91.0	93.7	90.2	93.1	89.4	92.4
纬度/°N	24.0	24.5	26.3	26.8	28.6	29.2	31.0	31.5	33.4	33.9	35.7	36.4
气温 (2m)/°C	20.7	25.0	26.6	21.4	−4.7	−2.1	−4.9	−11.1	−10.0	−2.2	−17.3	−2.5

计算结果见下表：

指标	92°N	93°N	94°N	95°N
24°E	23.185 91	23.176 71	23.211 32	23.274 4
25°E	21.181 88	21.642 58	22.193 48	22.830 43
26°E	17.682 77	18.244 22	18.900 41	19.787 53
27°E	13.087 38	14.389 35	15.333 96	16.137 55
28°E	6.568 828	7.782 7	8.993 534	10.201 89
29°E	1.401 072	2.148 671	2.795 815	3.430 745
30°E	−3.260 4	−2.401 08	−1.886 41	−1.883 69
31°E	−6.211 32	−6.126 66	−5.592 43	−5.231 26
32°E	−6.680 85	−6.422 7	−6.370 4	−6.322 62
33°E	−7.231 97	−6.616 78	−6.121 66	−6.088 13
34°E	−7.333 84	−6.601 51	−5.815 18	−5.210 13
35°E	−7.319 2	−6.357 25	−5.269 57	−3.797 5

15.10　牛 顿 插 值

1) 功能：采用牛顿插值多项式的方法对某区间上若干点的函数值进行函数拟合，从而获取该区间范围内任意一点的函数值。

2) 方法说明：差商是牛顿插值法的基础，在分析牛顿插值法前，本节先解释差商的概念。

设函数 $f(x)$ 在互异点 $x_0, x_1, \cdots$ 上的值为 $f(x_0), f(x_1), \cdots$，定义 $f(x)$ 关于 x_i 的零阶差商为 $f[x_i] = f(x_i)$，$f(x)$ 关于 x_i, x_j 的一阶差商为

$$f[x_i, x_j] = \frac{f[x_j] - f[x_i]}{x_j - x_i} \quad (i \neq j, x_i \neq x_j)$$

$f(x)$ 关于 $x_i, x_j x_k$ 的二阶差商为

$$f[x_i, x_j, x_k] = \frac{f[x_i, x_j] - f[x_j, x_k]}{x_i - x_k}$$

以此类推，$f(x)$ 关于 $x_0, x_1, \cdots, x_k$ 的 k 阶差商为

$$f[x_0, x_1, \cdots, x_k] = \frac{f[x_1, x_2, \cdots, x_k] - f[x_0, x_1, \cdots, x_{k-1}]}{x_k - x_0}$$

其中，差商对其节点具有对称性，即

$$f[x_{i0}, x_{i1}, \cdots, x_{ik}] = f[x_0, x_1, \cdots, x_k]$$

式中，$x_{i0}, x_{i1}, \cdots, x_{ik}$ 是 $x_0, x_1, \cdots, x_k$ 的任一排列。

由差商的定义，把 x 看成 $[a, b]$ 内一点，可得

$$f(x) = f(x_0) + (x - x_0) f[x_0, x]$$

由其节点对称性可得

$$f[x_0, x_1, x] = f[x_1, x_0, x] = \frac{f[x_0, x] - f[x_1, x_0]}{x - x_1} = \frac{f[x_0, x] - f[x_0, x_1]}{x - x_1}$$

$$f(x_0, x) = f[x_0, x_1] + (x - x_1) f[x_0, x_1, x]$$

$$f[x_0, x_1, x] = f[x_0, x_1, x_2] + (x - x_2) f[x_0, x_1, x_2, x]$$

$$\cdots$$

$$f[x_0, x_1, \cdots, x_{n-1}, x] = f[x_0, x_1, \cdots, x_{n-1}, x_n] + (x - x_n) f[x_0, x_1, \cdots, x_n, x]$$

然后把后一式代入前一式可得

$$f(x) = (x_0) + (x - x_0)[x_0, x_1] + (x - x_0)(x - x_1) f[x_0, x_1, x_2] + \cdots$$
$$+ (x - x_0)(x - x_1) \cdots (x - x_{n-1}) f[x_0, x_1, \cdots, x_n]$$
$$+ (x - x_0)(x - x_1) \cdots (x - x_n) f[x_0, x_1, \cdots, x_n, x]$$

记牛顿插值公式为

$$N_n(x) = f(x_0) + (x - x_0)[x_0, x_1] + (x - x_0)(x - x_1) f[x_0, x_1, x_2] + \cdots$$
$$+ (x - x_0)(x - x_1) \cdots (x - x_{n-1}) f[x_0, x_1, \cdots, x_n]$$

则牛顿插值多项式的误差估计为

$$R_n(x) = (x - x_0)(x - x_1) \cdots (x - x_n) f[x_0, x_1, \cdots, x_n, x]$$

那么 $f(x) = N_n(x) + R_n(x)$ 。

3) 程序语句:

```
class Newton(x, y)
```

参数说明:

参数名称	参数说明
x	数组, 差值计算的 x 值
y	数组

4) 方法:

```
__call__(x):
```

参数说明:

参数名称	参数说明
x	数组, 需要进行插值的数组
m	返回值, 插值得到的函数值

5) 案例：

已知如下 x、y 的对应关系，利用牛顿插值法估计 $x=2.75$ 处的函数值。

x	-5	-4	-3	-2	-1
y	0.006 737 947 00	0.018 315 638 9	0.049 787 068 4	0.013 533 528 3	0.036 787 944 1
x	0	1	2	3	4
y	1.000 000 00	2.718 281 83	7.389 056 10	20.085 536 9	54.598 150 0

答案：15.652 451 98。

第 16 章 拟合与逼近

16.1 最小二乘曲线拟合

1) 功能：用一个多项式来对离散的点进行拟合，使得拟合曲线能最好地反映数据的基本趋势。

2) 方法说明：

步骤一，有 n 个数据点 $(x_i, y_i)(i = 1, 2, \cdots, n)$，求近似曲线 $\varphi(x)$ 与 $y(x)$ 的偏差平法和最小，要求 k 次最小二乘拟合多项式，其中 $k \leqslant n-1$，且 $k \leqslant 19$。

$$\varphi(x) = a_0 + a_1 x + \cdots + a_k x^k$$

步骤二，求待定系数。想要偏差和

$$R^2 = \sum_{i=1}^{n} \left[y_i - \left(a_0 + a_1 x_i + \cdots + a_k x_i^k \right) \right]^2$$

最小，可以对上式右边求偏导数，可得

$$-2 \sum_{i=1}^{n} \left[y_i - \left(a_0 + a_1 x_i + \cdots + a_k x_i^k \right) \right] = 0$$

$$-2 \sum_{i=1}^{n} \left[y_i - \left(a_0 + a_1 x_i + \cdots + a_k x_i^k \right) \right] x = 0$$

$$\cdots$$

$$-2 \sum_{i=1}^{n} \left[y_i - \left(a_0 + a_1 x_i + \cdots + a_k x_i^k \right) \right] x^k = 0$$

转化成矩阵形式，可得

$$\begin{bmatrix} n & \sum_{i=1}^{n} x_i & \cdots & \sum_{i=1}^{n} x_i^k \\ \sum_{i=1}^{n} x_i & \sum_{i=1}^{n} x_i^2 & \cdots & \sum_{i=1}^{n} x_i^{k+1} \\ \vdots & \vdots & & \vdots \\ \sum_{i=1}^{n} x_i^k & \sum_{i=1}^{n} x_i^{k+1} & \cdots & \sum_{i=1}^{n} x_i^{2k} \end{bmatrix} \begin{bmatrix} a_0 \\ a_1 \\ \vdots \\ a_k \end{bmatrix} = \begin{bmatrix} \sum_{i=1}^{n} y_i \\ \sum_{i=1}^{n} x_i y_i \\ \vdots \\ \sum_{i=1}^{n} x_i^k y_i \end{bmatrix}$$

通过简化可得

$$
\begin{bmatrix}
1 & x_1 & \cdots & x_1^k \\
1 & x_2 & \cdots & x_2^k \\
\vdots & \vdots & & \vdots \\
1 & x_n & \cdots & x_n^k
\end{bmatrix}
\begin{bmatrix}
a_0 \\
a_1 \\
\vdots \\
a_k
\end{bmatrix}
=
\begin{bmatrix}
y_1 \\
y_2 \\
\vdots \\
y_n
\end{bmatrix}
$$

求解就可得到系数矩阵 A。

3) 程序语句:

```
numpy.polyfit(x, y, deg, rcond = None, full = False, w = None, cov = False)
```

参数说明:

	参数名称	参数说明
输入参数	x	数组,形状 $(M,)$,M 个样本点的 x 坐标
	y	数组,形状 $(M,)$ 或 (MK),样本点的 y 坐标,通过传递一个每列包含一个数据集的二维数组,可以同时拟合多个共享相同 x 坐标的采样点数据集
	deg	整数,拟合多项式的程度。如果 deg 是一个整数,所有项次数都小于或等于 deg
	rcond	拟合的相对条件数 (可选)。对于这个最大奇异值,小于此值的奇异值将被忽略。默认值为 len$(x)\times$eps,其中 eps 是浮点类型的相对精度,在大多数情况下约为 2×10^{-16}
	full	布尔类型 (可选),决定返回值的类型的开关,当它为假时 (默认),只返回系数,当为真时,也会返回奇异值分解的诊断信息
	w	数组 (可选),形状 $(M,)$,用于样本点的 y 坐标的权重,默认值为 None
	cov	bool 类型或字符串 (可选),此值如果给定并且不是 False,不仅返回估计值,还返回其协方差矩阵
输出参数	p	返回值,ndarray 数组,多项式系数最高次幂。如果 y 是二维的,第 k 个数据集的系数在 $p[:,k]$ 中
	residuals, rank, singular_values, rcond	仅在 full=True 的时候出现
	v	ndarray 数组,形状 (M, M) 或 (M, M, K),多项式系数估计值的协方差矩阵,仅当 full =False 和 cov=True 时出现

4) 案例:

一是,设定 $f(x) = [(x^2-1)^3 + 0.5] \times \sin(x^2)$,$x_1 = -1$ 开始,步长为 0.05 的 40 个数据点,求 9 次最小二乘拟合多项式。

二是,设有某实验数据如下表所示:

i	1	2	3	4
x_i	1.36	1.37	1.95	2.28
y_i	14.094	16.844	18.475	20.963

用最小二乘法求以上数据的拟合函数。

解答:将表中所给数据分布在坐标上,可以发现其可以采用一条直线来近似的描述。所以,设拟合直线为 $\varphi(x) = a_0 + a_1 x$;

记

$$x_1 = 1.36, \quad x_2 = 1.37, \quad x_3 = 1.95, \quad x_4 = 2.28$$

$$y_1 = 14.094, \quad y_2 = 16.844, \quad y_3 = 18.475, \quad y_4 = 20.963$$

则正规方程组为
$$
\begin{cases}
4a_0 + a_1 \sum\limits_{i=1}^{4} x_i = \sum\limits_{i=1}^{4} y_i \\
a_0 \sum\limits_{i=1}^{4} x_i + a_1 \sum\limits_{i=1}^{4} x_i^2 = \sum\limits_{i=1}^{4} x_i y_i
\end{cases}
$$

其中，$\sum\limits_{i=1}^{4} x_i = 7.32$，$\sum\limits_{i=1}^{4} x_i^2 = 13.8434$，$\sum\limits_{i=1}^{4} y_i = 70.376$，$\sum\limits_{i=1}^{4} x_i y_i = 132.129\ 85$，将以上数据代入上式正规方程组，得

$$
\begin{cases}
4a_0 + 7.32a_1 = 70.376 \\
7.32a_0 + 13.8434a_1 = 132.129\ 85
\end{cases}
$$

解得 $a_0 = 3.9374$，$a_1 = 7.4626$。

答案：$y = 3.9374 + 7.4626x$。

16.2 切比雪夫曲线拟合

1) 功能：用一个多项式来对样本进行拟合，这个多项式满足在给定点上的偏差最大值要最小。

2) 方法说明：

步骤一，有 n 个数据点 $(x_i, y_i)(i = 1, 2, \cdots, n)$，且 $x_1 < x_2 < \cdots < x_n$。求一个多项式，使 $\varphi(x)$ 与 y（x）的偏差最大值要最小，即满足：

$$\max |\varphi(x_i) - y_i| \to \min \quad (i = 1, 2, \cdots, n)$$

其中

$$\varphi(x) = a_1 + a_2 x + \cdots + a_m x^{m-1}$$

式中，$m < n$ 且 $M \leqslant 19$；$a_1, a_2, \cdots, a_m$ 是待定系数。

步骤二，求多项式的待定系数。从给定的 n 个点中选取 $m+1$ 个不同点 $u_1, u_2, \cdots, u_{m+1}$ 组成新的点集。在新的点集上，多项式 $\varphi(x)$ 与 $f(x)$ 的偏差为 h，即

$$\varphi(u_i) = f(u_i) + (-1)^i h \quad (i = 1, 2, \cdots, m+1)$$

并满足 $\varphi(u_i)$ 各阶差商是 h 的线性函数。

因为 $\varphi(u_i)$ 是 $m-1$ 次多项式，则可以通过 $\varphi(u_i)$ 的 m 阶差商来求出 h。

步骤三，根据 $\varphi(u_i)$ 的各阶差商，由牛顿插值公式可求出 $\varphi(x)$：

$$\varphi(x) = a_0 + a_1 x + \cdots + a_{m-1} x^{m-1}$$

令 $h' = \max|\varphi(x_i) - y_i|$，若 $h' = h$，则 $\varphi(x)$ 即为所求的拟合多项式。若 $h' > h$，则用达到偏差最大值的点 x_j 代替点集 $\{u_i\}$ 中离 x_j 最近且具有与 $\varphi(x_i) - y_i$ 的符号相同的点，从而构造一个新的参考点集。用这个新的参考点集重复以上过程，直到最大逼近误差等于参考偏差为止。

3) 程序语句：

```
polynomial.chebyshev.chebfit(x, y, deg, rcond=None, full=False, w=None)
```

参数说明：

	参数名称	参数说明
输入参数	x	数组，形状 $(M,)$，M 个样本点的 x 坐标
	y	数组，形状 $(M,)$ 或 (MK) 样本点的 y 坐标，通过传递一个每列包含一个数据集的二维数组，可以同时拟合多个共享相同 x 坐标的采样点数据集
	deg	整数或一维数组，拟合多项式的程度。如果 deg 是一个整数，所有项次数都小于或等于 deg
	rcond	拟合的相对条件数。对于这个最大奇异值，小于此值的奇异值将被忽略。默认值为 $\mathrm{len}(x) \times \mathrm{eps}$
	full	布尔类型（可选），决定返回值的类型的开关
	w	数组（可选），形状 $(M,)$，权重，默认值为 None，每个点对拟合的贡献度
输出参数	coef	ndarray 数组，形状 $(M,)$ 或 (M, K)，切比雪夫系数（从低到高排序），如果 y 是二维的，那么 y 的第 k 列数据的系数就在第 k 列。只有在 full=True 时才会返回输出结果

4) 案例：
对下表中的数据进行切比雪夫三次多项式的拟合。

序号	男性			女性		
	左胫骨长度 (x)	右胫骨长度 (x)	身高 (y)	左胫骨长度 (x)	右胫骨长度 (x)	身高 (y)
1	33.571	33.285	160.04	31.185	30.936	150.21
2	33.824	33.454	160.55	31.564	31.464	152.27
3	34.036	33.589	161.13	31.618	31.482	152.80
4	34.169	33.728	162.36	31.892	31.725	153.90
5	34.204	33.825	162.87	31.961	31.887	154.68
6	34.412	33.892	163.22	32.029	32.011	155.00
7	34.635	34.129	164.26	32.258	32.158	156.12
8	34.650	34.137	164.33	32.485	32.385	157.01
9	34.689	34.298	165.07	32.589	32.487	157.80
10	34.889	34.552	166.02	32.778	32.678	158.58
11	35.038	34.612	166.32	33.026	32.938	159.66
12	35.225	34.845	167.58	33.098	33.001	160.51
13	35.316	34.847	167.59	33.026	33.010	159.66
14	35.612	35.321	169.50	33.359	33.359	161.56
15	35.979	35.527	170.77	33.389	33.239	161.21
16	36.157	35.669	171.20	33.589	33.489	162.05
17	36.181	35.759	171.23	33.792	33.649	163.32
18	36.297	35.893	172.43	33.789	33.729	163.86
19	36.598	36.171	173.26	34.001	33.899	164.54
20	36.666	36.187	173.51	34.106	34.006	165.14
21	36.780	36.199	174.42	34.121	34.004	165.13
22	37.089	36.695	175.49	34.367	34.267	166.13

续表

序号	男性			女性		
	左胫骨长度（x）	右胫骨长度（x）	身高（y）	左胫骨长度（x）	右胫骨长度（x）	身高（y）
23	37.119	36.797	176.57	34.395	34.299	166.41
24	37.240	36.820	176.90	34.617	34.417	167.36
25	37.407	36.991	177.43	34.710	34.693	167.82
26	37.441	37.136	178.00	34.769	34.668	168.14
27	37.511	37.152	178.62	34.897	34.804	168.98
28	37.869	37.396	179.51	35.002	34.991	169.32
29	38.035	37.598	180.66	35.178	35.097	170.20
30	38.127	37.735	181.60	35.207	35.159	170.47
31	38.151	37.898	181.62	36.069	36.001	174.65
32	38.266	37.987	182.80	36.275	36.089	175.23
33	38.366	38.109	183.32	36.464	36.340	176.54
34	38.685	38.598	185.77	36.895	36.751	178.35

答案：男性胫骨与身高的切比雪夫拟合三次多项式为

左胫骨：
$$y = -4018.7235 + 349.6258x - 9.8472x^2 + 0.0935x^3$$
均差 $= 0.036$

右胫骨：
$$y = -1538.0414 + 137.8763x - 3.8279x^2 + 0.0366x^3$$
均差 $= 0.191$

女性胫骨与身高的切比雪夫拟合三次多项式为

左胫骨：
$$y = -1359.0974 + 124.1644x - 3.4869x^2 + 0.0339x^3$$
均差 $= 0.114$

右胫骨：
$$y = -543.0237 + 53.4259x - 1.4442x^2 + 0.0143x^3$$
均差 $= 0.005$

16.3 最佳一致逼近的里米兹方法

1) 功能：里米兹（Remez）方法是一种基于逐次逼近的思想求给定函数的最佳一致逼近多项式的近似算法，其对初值的选取不敏感，且收敛速度较快。详细的有关最佳一致逼近的里米兹方法的功能和方法可以参考《QBASIC 常用算法程序集》[①]。

2) 方法说明：若函数 $f(x)$ 在区间 $[a,b]$ 上的 $n-1$ 次最佳一致逼近多项式为

$$P_{n-1}(x) = p_0 + p_1 x + p_2 x^2 + \cdots + p_{n-1} x^{n-1}$$

则存在 $n+1$ 个点的交错点组 $\{x_i\}$ 满足：

$$f(x_i) - P_{n-1}(x_i) = (-1)^i \mu \quad (i = 0, 1, \cdots, n)$$

或

$$f(x_i) - P_{n-1}(x_i) = (-1)^{i+1} \mu \quad (i = 0, 1, \cdots, n)$$

---

① 徐士良. 1997. QBASIC 常用算法程序集 [M]. 北京: 清华大学出版社.

式中，$\mu = \max\limits_{x \in [a,b]} |f(x) - P_{n-1}(x)|$。

求函数 $f(x)$ 在区间 $[a,b]$ 上的 $n-1$ 次最佳一致逼近多项式：

$$P_{n-1}(x) = p_0 + p_1 x + p_2 x^2 + \cdots + p_{n-1} x^{n-1}$$

的里米兹方法步骤如下。

步骤一，在区间 $[a,b]$ 上取 n 次切比雪夫多项式的交错点组：

$$x_k = \frac{1}{2}\left[b + a + (b-a)\cos\frac{n-k}{n}\pi \right] \quad (k = 0, 1, \cdots, n)$$

作为初始参考点集。

步骤二，以参考点集 $\{x_i\}\,(i = 0, 1, \cdots, n)$ 构造一个参考多项式：

$$P_{n-1}(x) = p_0 + p_1 x + p_2 x^2 + \cdots + p_{n-1} x^{n-1}$$

满足

$$P_{n-1}(x_i) - f(x_i) = (-1)^i \mu \quad (i = 0, 1, \cdots, n)$$

由于 $P_{n-1}(x)$ 为 $n-1$ 次多项式，在 $n+1$ 个点 $\{x_i\}\,(i = 0, 1, \cdots, n)$ 上的 n 阶差商为零，由此可以确定出参考偏差 μ。

然后根据 $P_{n-1}(x)$ 在 $n+1$ 个点 $\{x_i\}\,(i = 0, 1, \cdots, n)$ 上的各阶差商，利用牛顿插值公式确定出参考多项式 $P_{n-1}(x)$ 的各系数 $p_0, p_1, \cdots, p_{n-1}$。

步骤三，找出使函数 $|f(x) - P_{n-1}(x)|$ 在区间 $[a,b]$ 上取最大值的点 x^*，并按如下原则替换原参考点集 $\{x_i\}\,(i = 0, 1, \cdots, n)$ 中的某一点。

当 $x^* \in [a, x_0)$ 时，若 $f(x_0) - P_{n-1}(x_0)$ 与 $f(x^*) - P_{n-1}(x^*)$ 同号，则将 x^* 代替 x_0，构成新点集：

$$\{x^*, x_1, \cdots, x_n\}$$

否则新点集为

$$\{x^*, x_0, x_1, \cdots, x_{n-1}\}$$

当 $x^* \in (x_n, b]$ 时，若 $f(x_n) - P_{n-1}(x_n)$ 与 $f(x^*) - P_{n-1}(x^*)$ 同号，则将 x^* 代替 x_n，构成新点集：

$$\{x_0, x_1, \cdots, x_{n-1}, x^*\}$$

否则新点集为

$$\{x_1, x_2, \cdots, x_n, x^*\}$$

当 $x^* \in (x_i, x_{i+1})\,(i = 0, 1, \cdots, n-1)$ 时，若 $f(x_i) - P_{n-1}(x_i)$ 与 $f(x^*) - P_{n-1}(x^*)$ 同号，则将 x^* 替换 x_i，否则将 x^* 替换 x_{i+1}，构成新点集。

重复步骤二和步骤三，直到相邻两次求得的参考偏差接近相等为止。此时，最后获得的参考多项式 $P_{n-1}(x)$ 即为近似的 $n-1$ 次最佳一致逼近多项式。

3) 程序语句：

```
class Remez(f, deg, a, b, eps = 1e  -  3)
```

参数说明：

参数名称	参数说明
f	需要拟合的函数
deg	拟合项数
a	左端点值
b	右端点值
eps	精度（可选），默认 1×10^{-3}
ndarray	返回值，由 0 次项开始的多项式系数

4) 方法：

```
fit()
```

参数	参数说明
m	返回值，由 0 次项开始的多项式系数数组

5) 案例：求函数 $f(x) = \mathrm{e}^x$ 在区间 $[-1, 1]$ 上的三次最佳一致逼近多项式。其中，$a = -1.0$，$b = 1.0$，$n = 4$。取 $\mathrm{eps} = 10^{-10}$。

答案：$f(x) = 0.994\ 594\ 1 + 0.995\ 682\ 9x + 0.542\ 973\ 5x^2 + 0.179\ 518\ 3x^3$。

第 17 章 时空结构分离

在对气象要素进行时空结构分析的过程中，我们很难直接从原始数据中发现气象要素的时空变化特征，因此我们需要通过某种数学表达方式，把原始气象要素的主要时空分布特征有效地分离出来。早期，气候统计诊断中最常用的是经验正交函数 (empirical orthogonal function, EOF)，随着气候领域和计算机的快速发展，陆续发展了旋转经验正交函数 (rotated empirical orthogonal function, REOF)、主振荡分析等方法。本章将针对气象要素时空分离的方法，从方法特点、计算步骤和代码实现进行讲解。

17.1 经验正交函数分解

1) 功能：经验正交函数能把原始气象要素场分解为只依赖于时间变化的时间函数和不随时间变化的空间函数乘积，以此来分析实际要素场的空间结构。空间函数能很好地分析要素场的空间分布特点，而时间函数则可以反映由要素场空间点的变量线性组合，该空间函数和时间函数统称为主分量。通过分析占原始气象要素场总方差大部分的前几个主分量，就相当于分析原始气象要素场的主要信息。

2) 方法说明：

步骤一，设样本 $\boldsymbol{X}$ 为 m 个空间点，有 n 个观测值，即

$$\boldsymbol{X} = \begin{bmatrix} x_{11} & x_{12} & \cdots & x_{1j} & \cdots & x_{1n} \\ x_{21} & x_{22} & \cdots & x_{2j} & \cdots & x_{2n} \\ \vdots & \vdots & & \vdots & & \vdots \\ x_{i1} & x_{i2} & \cdots & x_{ij} & \cdots & x_{in} \\ \vdots & \vdots & & \vdots & & \vdots \\ x_{m1} & x_{m2} & \cdots & x_{mj} & \cdots & x_{mn} \end{bmatrix}$$

根据目的，对矩阵 $\boldsymbol{X}$ 进行距平或标准化处理或不处理。

将 $\boldsymbol{X}$ 分解为时间函数 $\boldsymbol{T}$ 和空间函数 $\boldsymbol{V}$ 的乘积，即

$$\boldsymbol{X} = \boldsymbol{V}\boldsymbol{T}$$

$$\boldsymbol{V} = \begin{bmatrix} v_{11} & v_{12} & \cdots & v_{1m} \\ v_{21} & v_{22} & \cdots & v_{2m} \\ \vdots & \vdots & & \vdots \\ v_{m1} & v_{m2} & \cdots & v_{mm} \end{bmatrix}, \quad \boldsymbol{T} = \begin{bmatrix} t_{11} & t_{12} & \cdots & t_{1n} \\ t_{21} & t_{22} & \cdots & t_{2n} \\ \vdots & \vdots & & \vdots \\ t_{m1} & t_{m2} & \cdots & t_{mn} \end{bmatrix}$$

这里假设时间函数和空间函数满足正交性，即

$$\begin{cases} \displaystyle\sum_{i=1}^{m} v_{ik}v_{il} = 1 & (k=l) \\[3mm] \displaystyle\sum_{j=1}^{n} t_{kj}t_{lj} = 0 & (k \neq l) \end{cases}$$

对 $\boldsymbol{X} = \boldsymbol{VT}$ 右乘 $\boldsymbol{X}^{\mathrm{T}}$，由实对称分解可知：

$$\boldsymbol{XX}^{\mathrm{T}} = \boldsymbol{V\Lambda V}^{\mathrm{T}}$$

其中

$$\boldsymbol{TT}^{\mathrm{T}} = \boldsymbol{\Lambda}$$

且特征向量 $\boldsymbol{V}$ 的 $\boldsymbol{V}^{\mathrm{T}}\boldsymbol{V}$ 是单位矩阵，满足空间函数和时间函数的正交性。其中，$\boldsymbol{\Lambda}$ 是 $\boldsymbol{XX}^{\mathrm{T}}$ 特征值构成的对角矩阵。

步骤二，求出矩阵 $\boldsymbol{X}$ 协方差矩阵 $\boldsymbol{S} = \boldsymbol{XX}^{\mathrm{T}}$，其中上标 T 代表转置。

步骤三，由步骤一可知，$\boldsymbol{V}$ 为协方差矩阵 $\boldsymbol{S} = \boldsymbol{XX}^{\mathrm{T}}$ 的特征向量，计算出矩阵 $\boldsymbol{S}$ 的特征向量 $\boldsymbol{V}$，并对 $\boldsymbol{V}$ 单位化，时间函数可由下式求出：

$$\boldsymbol{T} = \boldsymbol{V}^{\mathrm{T}}\boldsymbol{X}$$

式中，$\boldsymbol{V}$ 为空间上的函数，每一列代表一个主分量空间场。

步骤四，根据对角矩阵 $\boldsymbol{\Lambda}$ 即 $\boldsymbol{S}$ 的特征值 $\lambda = (\lambda_1, \lambda_2, \cdots, \lambda_m)$ 按降序排列，并求出每个特征向量的方差贡献 R_i 和前 p 个特征向量对 $\boldsymbol{X}$ 场的贡献率 C。

$$R_i = \lambda_i \Big/ \sum_{i=1}^{m} \lambda_i$$

$$C = \sum_{i=1}^{p} \lambda_i \Big/ \sum_{i=1}^{m} \lambda_i, \quad (p < m)$$

步骤五，对特征值误差范围检验，误差范围为

$$\lambda_i - \lambda_{i+1} \geqslant \lambda_i \left(\frac{2}{n}\right)^{1/2}$$

式中，n 为样本量，满足上式就认为特征值对应的经验正交函数是有效的。

如果 $m > n$ 时，利用时空转换过程计算：

第一步，对原始数据进行预处理，先求出 $\boldsymbol{X}^{\mathrm{T}}\boldsymbol{X}$ 和它的特征值 $\boldsymbol{\Lambda}$ 及特征向量 $\boldsymbol{V}_R$。

第二步，利用如下公式，求出 $\boldsymbol{XX}^{\mathrm{T}}$ 的标准化特征向量 $\boldsymbol{V}_N$：

$$\boldsymbol{V} = \boldsymbol{XV}_R$$

$$\boldsymbol{V}_N = \frac{1}{\sqrt{\boldsymbol{\Lambda}}}\boldsymbol{V}$$

第三步，与之前第四、第五的计算步骤相同。

3) 程序语句：

```
class EOF(contribution = 0.85)
```

参数说明：

参数名称	参数说明
contribution	累计方差贡献率标准，可选，默认值 85%

4) 方法：

```
fit(x)
```

对标准化的 x 数据场进行 EOF 分析，求得特征向量、特征值和时间系数。
参数说明：

参数名称	参数说明
x	数组，标准化数据，需要进行 EOF 的数据场，维度为（空间，时间）
return	返回值，EOF 分析

```
fit_transform(x)
```

对未标准化的 x 数据场进行 EOF 分析，求得特征向量、特征值和时间系数。
参数说明：

参数名称	参数说明
x	未标准化数据，需要进行 EOF 的数据场，维度为（空间，时间）
return	返回值，EOF 分析

```
k(k)
```

确定所取模态个数。
参数说明：

参数名称	参数说明
k	可选，默认为 None，为模型初始化时赋予的贡献率自动确定模态个数，否则为输入的个数
return	返回值，模态个数

```
lambda_(k)
```

根据所需模态个数，获取特征值。
参数说明：

参数名称	参数说明
k	可选，默认为 None，为模型初始化时赋予的贡献率自动确定模态个数，否则为输入的个数
return	返回值，特征值

---

var_ctrb(k)

根据所需模态个数，计算每个模态的方差贡献率。
参数说明：

参数名称	参数说明
k	可选，默认为 None，为模型初始化时赋予的贡献率自动确定模态个数，否则为输入的个数
return	返回值，每个模态的方差贡献率

---

cum_vat_ctrb(k)

根据所需模态个数，计算所需模态的累积方差贡献率。
参数说明：

参数名称	参数说明
k	可选，默认为 None，为模型初始化时赋予的贡献率自动确定模态个数，否则为输入的个数
return	返回值，所需模态的累积方差贡献率

---

v(k)

根据所需模态个数，返回 EOF 的空间前 K 个空间模态。
参数说明：

参数	参数说明
k	可选，默认为 None，为模型初始化时赋予的贡献率自动确定模态个数，否则为输入的个数
return	返回值，EOF 的空间前 K 个空间模态

---

t(k)

根据所需模态个数，返回 EOF 的空间前 K 个空间模态对应的时间系数。
参数说明：

参数	参数说明
k	可选，默认为 None，为模型初始化时赋予的贡献率自动确定模态个数，否则为输入的个数
return	返回值，EOF 的空间前 K 个空间模态对应的时间系数

---

5) 案例：利用 NCEP/NCAR 再分析数据，计算青藏高原地区 1981~2010 年夏季（6~8 月）大气热源，并进行标准化经验正交函数分析。

答案：夏季大气热源 EOF 分解前 2 个模态的空间结构，（a）为第一模态；（b）为第二模态。

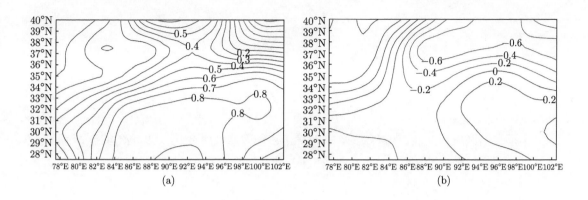

(a)　　　　　　　　　　　　　　　　　　　(b)

17.2　旋转经验正交函数分解

1) 功能：经验正交函数能够将气象要素的空间和时间分离开来，但经验正交函数分析过分强调整个空间的整体相关结构，从而使一些局部信息被掩盖，而旋转经验正交函数是在经验正交函数的基础上，对空间型再做旋转以得到更合理的空间分布型的一种方法，使新得到的空间矢量 $\bar{v}$ 矩阵满足所有模态各自方差达到最大。

2) 方法说明：设含有 m 个格点或变量，对 n 次观测的原始阵进行距平或标准化处理得 $\boldsymbol{X}_{m \times n}$，利用经验正交函数进行展开，可以用公共因子矩阵 $\boldsymbol{T}^*_{K \times n}$（$K < m$，$K$ 一般选取经验正交函数累积方差贡献率达 80% 的前 K 个模态）和因子载荷阵 $\boldsymbol{V}_{m \times K}$ 展开，得

$$\boldsymbol{X} = \boldsymbol{V}\boldsymbol{T}^* + \boldsymbol{\varepsilon}$$

式中，$\boldsymbol{\varepsilon}$ 为误差向量。为了相互比较，这里把 $\boldsymbol{T}^*$ 标准化，由 17.1 节经验正交函数可知，时间系数的分量 $\langle T_k \rangle = 0$，$\langle T_2^k \rangle = \lambda_k$，$\langle\ \rangle$ 表示平均，则均方差为 $\sqrt{\lambda_k}$，则上式可表示为

$$\boldsymbol{X} = \boldsymbol{V}\boldsymbol{\Lambda}^{\frac{1}{2}}\boldsymbol{\Lambda}^{-\frac{1}{2}}\boldsymbol{T}^* + \boldsymbol{\varepsilon}$$

$$\boldsymbol{\Lambda}^{\frac{1}{2}} = \begin{bmatrix} \sqrt{\lambda_1} & 0 & \cdots & 0 \\ 0 & \sqrt{\lambda_2} & \cdots & 0 \\ \vdots & \vdots & & \vdots \\ 0 & 0 & \cdots & \sqrt{\lambda_k} \end{bmatrix}$$

式中，$\boldsymbol{\Lambda}^{\frac{1}{2}}$ 为相关矩阵 $\boldsymbol{X}\boldsymbol{X}^{\mathrm{T}}$ 的特征值；$\boldsymbol{V}$ 为经验正交函数分解前 K 个模态的空间场；$\boldsymbol{T}^*$ 为相应的时间系数。将公式 $\boldsymbol{X} = \boldsymbol{V}\boldsymbol{\Lambda}^{\frac{1}{2}}\boldsymbol{\Lambda}^{-\frac{1}{2}}\boldsymbol{T}^* + \boldsymbol{\varepsilon}$ 右边第一项化为时间和空间的表示方法：

$$\boldsymbol{X} = \boldsymbol{U}\boldsymbol{Z} + \boldsymbol{\varepsilon}$$

$$\boldsymbol{U} = \boldsymbol{V}\boldsymbol{\Lambda}^{\frac{1}{2}} = \begin{bmatrix} U_{11} & U_{12} & \cdots & U_{1K} \\ U_{21} & U_{22} & \cdots & U_{2K} \\ \vdots & \vdots & & \vdots \\ U_{m1} & U_{m2} & \cdots & U_{mK} \end{bmatrix}$$

$$\boldsymbol{Z} = \boldsymbol{\Lambda}^{-\frac{1}{2}} \boldsymbol{T}^* = \begin{bmatrix} Z_{11} & Z_{12} & \cdots & Z_{1n} \\ Z_{21} & Z_{22} & \cdots & Z_{2n} \\ \vdots & \vdots & & \vdots \\ Z_{K1} & Z_{K2} & \cdots & Z_{Kn} \end{bmatrix}$$

其中，$U_{ik} = \sqrt{\lambda_k} v_{ik}$，$z_{kt} = t_{kt}^*/\sqrt{\lambda_k}(k = 1, 2, \cdots, K)(i = 1, 2, \cdots, m)(t = 1, 2, \cdots, n)$。

为了突出区域相关性，需要对 $\boldsymbol{X} = \boldsymbol{U}\boldsymbol{Z} + \boldsymbol{\varepsilon}$ 做多次线性变化，即每次乘上 K 阶正交矩阵 $\boldsymbol{\Gamma}_{lk}$（l、k 表示 $\boldsymbol{U}$ 的 l 和 k 行且 $l \leqslant k$）和其转置矩阵：

$$\boldsymbol{\Gamma}_{lk} = \begin{bmatrix} 1 & 0 & 0 & 0 & & & 0 & & 0 & 0 & 0 \\ 0 & \ddots & 0 & 0 & & & 0 & \vdots & 0 & & \vdots \\ 0 & 0 & 1 & 0 & & & 0 & & & & \\ \vdots & 0 & 0 & \cos\varphi & 0 & & 0 & -\sin\varphi & & & \\ & & & 0 & 1 & & & 0 & & & \\ & & & & & \ddots & & & & & \\ & & & 0 & & & 1 & 0 & & & \\ & & & \sin\varphi & 0 & \cdots & 0 & \cos\varphi & 0 & & \\ & & & 0 & & & & 0 & 1 & & \\ & & & & & & & & & \ddots & \\ 0 & \cdots & 0 & 0 & & & 0 & & 0 & 0 & 1 \end{bmatrix} \begin{matrix} \\ \\ \\ l \\ \\ \\ \\ k \\ \\ \\ \\ \end{matrix}$$

$$\qquad\qquad\qquad\qquad l \qquad\qquad\qquad\qquad k$$

可以证明

$$\boldsymbol{\Gamma}_{lk} \boldsymbol{\Gamma}_{lk}^{\mathrm{T}} = \boldsymbol{I}_K$$

令

$$\boldsymbol{B} = \boldsymbol{U}\boldsymbol{\Gamma}_{lk}$$

$$\boldsymbol{G} = \boldsymbol{\Gamma}_{lk}^{\mathrm{T}} \boldsymbol{Z}$$

那么

$$\boldsymbol{X} = \boldsymbol{B}\boldsymbol{G} + \boldsymbol{\varepsilon}$$

式中，$\boldsymbol{B}$ 的分量表示为

$$b_{jl} = u_{jl}\cos\varphi + u_{jk}\sin\varphi \quad (j = 1, 2, \cdots, m)$$

$$b_{jk} = -u_{jl}\sin\varphi + u_{jk}\cos\varphi$$

$$b_{js} = u_{js}, \quad s \neq k, \quad s \neq l$$

同理可得 $\boldsymbol{G}$ 的分量表示为

$$G_{lt} = z_{lt}\cos\varphi + z_{kt}\sin\varphi \quad (t = 1, 2, \cdots, n)$$

$$G_{kt} = -z_{lt}\sin\varphi + z_{kt}\cos\varphi$$

$$G_{st} = z_{st}, \qquad s \neq k, \qquad s \neq l$$

选取相应的 φ 角，旋转过后，使空间模态在一块区域有高载荷，其余区域接近 0，从而反映局地性。这就要使 1、k 两个空间型在各个格点上的原方差贡献差异大，可以使用 m 个格点 b_{jl}^2/h_j^2，$b_{jk}^2/h_j^2(j=1,2,\cdots,m)$ 的方差表示：

$$V_l = \frac{1}{m}\sum_{j=1}^{m}\left(\frac{b_{jl}^2}{h_j^2}\right)^2 - \left(\frac{1}{m}\sum_{j=1}^{m}\frac{b_{jl}^2}{h_j^2}\right)^2$$

$$= \frac{1}{m^2}\left[m\sum_{j=1}^{m}\left(\frac{b_{jl}^2}{h_j^2}\right)^2 - \left(\sum_{j=1}^{m}\frac{b_{jl}^2}{h_j^2}\right)^2\right]$$

$$V_k = \frac{1}{m^2}\left[m\sum_{j=1}^{m}\left(\frac{b_{jk}^2}{h_j^2}\right)^2 - \left(\sum_{j=1}^{m}\frac{b_{jk}^2}{h_j^2}\right)^2\right]$$

其中 $h_j^2 = \sum_{k=1}^{K} u_{jk}^2$。

令 $\boldsymbol{V} = V_l + V_k$，要使 V_l 和 V_k 都增大，则对 $\boldsymbol{V}$ 求极值：

$$\frac{\partial \boldsymbol{V}}{\partial \varphi} = 0$$

则可以求得

$$\varphi = \frac{1}{4}\arctan\left[\frac{D - \dfrac{2}{m}HW}{C - \dfrac{1}{m}\left(H^2 - W^2\right)}\right]$$

$$D = 2\sum_{j=1}^{m} e_j f_j$$

$$H = \sum_{j=1}^{m} e_j$$

$$W = \sum_{j=1}^{m} f_j$$

$$C = \sum_{j=1}^{m}\left(e_j^2 - f_j^2\right)$$

这里

$$e_j = \left(\frac{u_{jl}}{h_j}\right)^2 - \left(\frac{u_{jk}}{h_j}\right)^2 \quad (j=1,2,\cdots,m)$$

$$f_j = 2\left(\frac{u_{jl}}{h_j}\right)\left(\frac{u_{jk}}{h_j}\right)$$

上式对第 l、k 两个空间型进行了旋转，但对前 K 个模态，需要进行 $K(K-1)/2$ 次旋转，这样一次旋转为一个循环，可以求得新的载荷矩阵：

$$\boldsymbol{B}_1 = U\Gamma_{12}\Gamma_{13}\cdots\Gamma_{K-1,K}$$

$$\boldsymbol{G}_1 = \Gamma_{K-1,K}^{\mathrm{T}}\cdots\Gamma_{13}^{\mathrm{T}}\Gamma_{12}^{\mathrm{T}}Z$$

则公式 $\boldsymbol{X} = \boldsymbol{U}\boldsymbol{Z} + \varepsilon$ 可以表示为

$$\boldsymbol{X} = \boldsymbol{B}_1\boldsymbol{G}_1 + \varepsilon$$

循环后的载荷列向量元素平方的方差和为

$$V_{(1)} = \sum_{k=1}^{K} V_k$$

第一次循环完后，利用公式 $\boldsymbol{X} = \boldsymbol{B}_1\boldsymbol{G}_1 + \varepsilon$ 再进行循环，且满足 $V_{(1)} \leqslant V_{(2)}$。不停地重复上述旋转，当进行到 p(一般大于 100 次也可以停止旋转) 次循环时，$\left(V_{(p)} - V_{(p-1)}\right)/V_{(0)} < 0.001$，就可以停止旋转，得到最后的 $\boldsymbol{B}$ 和 $\boldsymbol{G}$。

计算步骤：

步骤一，对原始数据进行标准化或距平处理。

步骤二，对处理后数据进行经验正交函数分解，按特征值排序求经验正交函数前 K 个模态的时间系数和空间型。

步骤三，求取标准化的时间系数 Z 和空间模态 $\boldsymbol{A}$，对前 K 个模态进行旋转。

先求公因子

$$h_j^2 = \sum_{k=1}^{K} u_{jk}^2$$

然后计算初始载荷列向量元素平方的方差和 $V_{(0)}$，求 $\Gamma_{12}\Gamma_{13}\cdots\Gamma_{K-1,K}$，主要通过求

$$\varphi = \frac{1}{4}\arctan\left[\frac{D - \dfrac{2}{m}HW}{C - \dfrac{1}{m}\left(H^2 - W^2\right)}\right]$$

来完成一次求取，共求 $K(K-1)/2$ 次旋转为一次循环。得到

$$\boldsymbol{X} = \boldsymbol{B}_1\boldsymbol{G}_1 + \varepsilon$$

同样的方法，也可求得 $V_{(1)}, V_{(2)}, \cdots, V_{(p)}$。

$(p > 100$ 即可停止旋转)，得到最后的 $\boldsymbol{B}$ 和 $\boldsymbol{G}$。

3) 程序语句：

```
class REOF(contribution = 0.85)
```

参数说明：

参数	参数说明
contribution	累计方差贡献率标准，可选，默认值 85%

4) 方法：

```
fit(x)
```

对原始数据场进行 EOF 分析，求得特征向量、特征值和时间系数。
参数说明：

参数名称	参数说明
x	原始数据，需要进行 EOF 的数据场，维度为（空间，时间）
return	返回值，EOF 分析

```
fit_transform(x,
clim = True)
```

对数据进行预处理（包括缺值，滤除年变化、标准化处理）之后进行经验正交分析，求得特征向量、特征值、特征向量矩阵的秩和时间系数。
参数说明：

参数名称	参数说明
x	原始数据，预处理后进行经验正交分析，维度为（空间，时间）
clim	是否对数据滤除年变化，默认为 True，滤除年变化
return	返回值，EOF 分析

$k(k)$，确定所取模态个数。参数说明：

参数名称	参数说明
k	可选，默认 None 为模型初始化时赋予的贡献率自动确定模态个数，否则对输入的个数进行判断，确定 k 值
return	返回值，模态个数

```
reof(k)
```

对处理后的数据进行旋转经验正交函数分解。
参数说明：

参数名称	参数说明
k	模态个数
return	返回值，特征值、旋转后的特征向量、旋转后的时间系数，旋转经验正交分解的方差贡献和累积方差贡献

5) 案例：在 17.1 节对 1981~2010 年夏季高原大气热源进行经验正交函数处理的前提下，对前四个载荷向量进行方差极大的正交旋转处理，得到青藏高原地区大气热源的主要局地空间型。

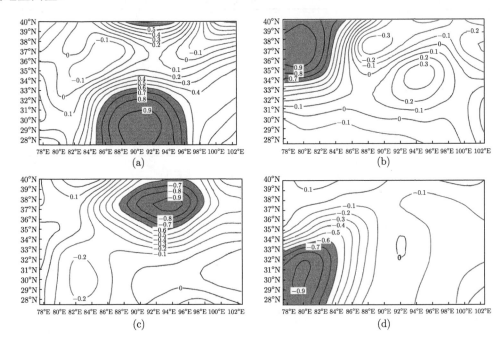

17.3　主振荡分析

1) 功能：主振荡分析是要素场由一阶 Markov （马尔可夫）过程变化而来，它能通过动力方程将复杂系统进行时空分离，更好地展现时空演变特征。因而，对于准周期振荡过程有较好的描述能力。

2) 方法说明：对 $X_{m\times n}$ (m 为格点数，n 为观测次数) 的变量场，可以写成 m 维的空间函数 $X(t)$，对于第 t 列向量 X_t 有

$$\frac{\Delta X_t}{\Delta t} = Bx_t + e_t$$

设 $\Delta t = 1$，即可得

$$X_{t+1} = (B+I)X_t + e_t'$$

式中，B 为 m 阶矩阵；I 为 m 阶单位方阵；e_t 为 t 时刻噪声；e_t' 为实际过程与一阶自回归过程的偏差，舍去噪声成分，令 $A=(B+I)$，则

$$X_{t+1} = AX_t$$

$E(\ )$ 表示数学期望，上标 T 为转置，对上式右乘 X_t^{T} 得

$$E\left(X_{t+1}X_t^{\mathrm{T}}\right) = AE\left(X_{t+1}X_t^{\mathrm{T}}\right)$$

因此

$$\boldsymbol{A} = E\left(\boldsymbol{X}_{t+1}\boldsymbol{X}_t^{\mathrm{T}}\right)/E\left(\boldsymbol{X}_t\boldsymbol{X}_t^{\mathrm{T}}\right)$$

在实际应用中，用 m 维随机向量 $\boldsymbol{X}$ 去估计，其中

$$\widehat{C_0} = E\left(\boldsymbol{X}_t\boldsymbol{X}_t^{\mathrm{T}}\right)$$

它的第 i 行第 j 列元素为

$$\widehat{C}_{0ij} = \frac{1}{n}\sum_{i=1}^{n} x_{it}x_{jt} \quad (i=1,2,\cdots,m;\ j=1,2,\cdots,m)$$

这里用 $\widehat{C}_1 = E\left(\boldsymbol{X}_{t+1}\boldsymbol{X}_t^{\mathrm{T}}\right)$ 表示。

元素为

$$\widehat{C}_{1ij} = \frac{1}{n-1}\sum_{t=1}^{n-1} x_{it+1}x_{jt} \quad (i=1,2,\cdots,m;\ j=1,2,\cdots,m)$$

因为 $\boldsymbol{A}$ 为实矩阵，当 λ 和 $\boldsymbol{V}$ 是 $\boldsymbol{A}$ 矩阵复特征值和复特征向量时，它们可以是复数也可以是实数，满足 $\boldsymbol{A}\boldsymbol{V} = \lambda\boldsymbol{V}$。当它们为复数时，有共轭 λ^* 和 $\boldsymbol{V}^*$。

在任意 t 时刻，$\boldsymbol{X}$ 状态 $\boldsymbol{X}_t$ 可以用特征向量 $\boldsymbol{V}_k$ 和时间系数 $Z_k(t)$ 表示出来：

$$\boldsymbol{X}_t = \sum_{k=1}^{m} Z_k(t)\boldsymbol{V}_k$$

把上式代入 $\boldsymbol{X}_{t+1} = \boldsymbol{A}\boldsymbol{X}_t$ 可得

$$Z_k(t+1)\boldsymbol{V}_k = \lambda_k Z_k(t)\boldsymbol{V}_k \quad (k=1,2,\cdots,m)$$

现分析 $\boldsymbol{X}_t$ 被一对复共轭特征向量表示出来的部分演变（为了方便略去 k）：

当特征值为复数时，复特征向量一般可记为

$$\boldsymbol{V} = \boldsymbol{V}_{\mathrm{Re}} + i\boldsymbol{V}_{\mathrm{Im}}$$
$$\boldsymbol{V}^* = \boldsymbol{V}_{\mathrm{Re}} - i\boldsymbol{V}_{\mathrm{Im}}$$

式中，$\boldsymbol{V}_{\mathrm{Re}}$ 和 $\boldsymbol{V}_{\mathrm{Im}}$ 为实部型和虚部型。

在一般情况下，上式中的复共轭特征向量是非标准化的，可通过变换 $\hat{\boldsymbol{V}} = \alpha\boldsymbol{V}$ 得到一个标准化的 $\hat{\boldsymbol{V}}$：

$$(\hat{\boldsymbol{V}}, \hat{\boldsymbol{V}}^*) = 1$$
$$(\hat{\boldsymbol{V}}_{\mathrm{Re}}, \hat{\boldsymbol{V}}_{\mathrm{Im}}) = 0$$

这里 α 为复数域中的常数（$\alpha = Me^{i\theta}$），则 M 和 θ 分别为

$$M^2 = \frac{1}{\left(\|\boldsymbol{V}_{\mathrm{Re}}\|^2 + \|\boldsymbol{V}_{\mathrm{Im}}\|^2\right)}$$

$$\theta = \frac{1}{2}\mathrm{arctg}\frac{2\left(\boldsymbol{V}_{\mathrm{Re}},\boldsymbol{V}_{\mathrm{Im}}\right)}{\|\boldsymbol{V}_{\mathrm{Im}}\|^2 - \|\boldsymbol{V}_{\mathrm{Re}}\|^2}$$

式中，$\|\ \|$ 表示向量模算符；$(\ ,\ )$ 表示向量的内积。与之对应的复特征值和共轭复数特征值用模和复角表示为

$$\lambda = \lambda_{\mathrm{Re}} + \mathrm{i}\lambda_{\mathrm{Im}} = \rho\mathrm{e}^{\mathrm{i}\omega}$$
$$\lambda^* = \lambda_{\mathrm{Re}} - \mathrm{i}\lambda_{\mathrm{Im}} = \rho\mathrm{e}^{-\mathrm{i}\omega}$$

由 $\hat{\boldsymbol{V}}$、$\hat{\boldsymbol{V}}^*$，可将 $\boldsymbol{X}_t$ 的部分 $\boldsymbol{P}(t)$ 表示为

$$\boldsymbol{P}(t) = Z(t)\hat{\boldsymbol{V}} + Z^*(t)\hat{\boldsymbol{V}}^*$$

把上式用复时间系数 $Z(t)$ 展开表示，令

$$Z(t) = \frac{1}{2}Z_{\mathrm{Re}}(t) - \mathrm{i}\frac{1}{2}Z_{\mathrm{Im}}(t)$$

$$Z^*(t) = \frac{1}{2}Z_{\mathrm{Re}}(t) + \mathrm{i}\frac{1}{2}Z_{\mathrm{Im}}(t)$$

则得

$$\boldsymbol{P}(t) = Z_{\mathrm{Re}}(t)\widehat{\boldsymbol{V}}_{\mathrm{Re}} + Z_{\mathrm{Im}}(t)\widehat{\boldsymbol{V}}_{\mathrm{Im}}$$

由 $Z_k(t+1)\boldsymbol{V}_k = \lambda_k Z(t)\boldsymbol{V}_k$，根据递推可得（为了方便略去 k）：

$$Z(t) = Z(0)\lambda^t$$

令 $Z(0) = 1$，则 $Z(t) = \rho^t\mathrm{e}^{\mathrm{i}\omega t}$。
由此可得

$$Z_{\mathrm{Re}}(t) = 2\rho^t\cos\omega t$$
$$Z_{\mathrm{Im}}(t) = -2\rho^t\sin\omega t$$

则

$$P(t) = 2\rho^t(\cos\omega t\widehat{\boldsymbol{V}}_{\mathrm{Re}} - \sin\omega t\widehat{\boldsymbol{V}}_{\mathrm{Im}})$$

$\boldsymbol{X}_t$ 的 POP 循环以下面的顺序在特征向量 $\boldsymbol{V}_{\mathrm{Re}}$ 和 $\boldsymbol{V}_{\mathrm{Im}}$ 之间交替出现：

$$\cdots \rightarrow \boldsymbol{V}_{\mathrm{Re}} \rightarrow -\boldsymbol{V}_{\mathrm{Im}} \rightarrow -\boldsymbol{V}_{\mathrm{Re}} \rightarrow \boldsymbol{V}_{\mathrm{Im}} \rightarrow \boldsymbol{V}_{\mathrm{Re}} \rightarrow \cdots$$

振动周期为

$$T = 2\pi/\omega$$

它是完成 $\boldsymbol{X}_t$ 的 POP 一个完整循环所需时间。式中

$$\omega = \arctan\left|\frac{\lambda_i}{\lambda_r}\right|$$

ρ^t 描述振荡随时间的变化，令

$$\tau = -\frac{1}{\ln\rho}$$

上式是振荡振幅降为 $1/e$ 倍所需要的时间。

通过上面的分析可知

$$\boldsymbol{X}_t = \sum_{k=1}^{m} Z_k(t) \boldsymbol{V}_k$$

在实际分析中，因为复共轭特征向量进行标准化，实部型和虚部型正交，将 $\hat{\boldsymbol{V}}$、$\hat{\boldsymbol{V}}^*$、λ、λ^*、$Z(t)$ 和 $Z^*(t)$ 的表达式代入 $P(t) = Z_{\mathrm{Re}}(t)\hat{\boldsymbol{V}}_{\mathrm{Re}} + Z_{\mathrm{Im}}(t)\hat{\boldsymbol{V}}_{\mathrm{Im}}$，且在特征向量拟合 $\boldsymbol{X}_t$ 时，$\boldsymbol{X}_t$ 可代替 $P(t)$，得时间系数：

$$Z_{\mathrm{Re}}(t) = (\boldsymbol{X}_t, \widehat{\boldsymbol{V}}_{\mathrm{Re}}) \Big/ \left\| \widehat{\boldsymbol{V}}_{\mathrm{Re}} \right\|^2$$
$$Z_{\mathrm{Im}}(t) = (\boldsymbol{X}_t, \widehat{\boldsymbol{V}}_{\mathrm{Im}}) \Big/ \left\| \widehat{\boldsymbol{V}}_{\mathrm{Im}} \right\|^2$$

通过上式可以求得时间系数。

在实际气候资料处理中，一般不对原始资料直接处理，因为原始数据信息过大，因此先进行经验正交函数展开，提取重要信息，对经验正交后的空间截取前 K 维，对时间系数进行 POP 分析，再结合原数据经验正交函数展开后的空间型进行分析，空间型的振荡分析如下：

对于原数据前 K 个经验正交后的空间有

$$\dot{\boldsymbol{X}}_K(t) = \boldsymbol{V}_1^{\mathrm{eof}} T_1 + \boldsymbol{V}_2^{\mathrm{eof}} T_2 + \cdots + \boldsymbol{V}_K^{\mathrm{eof}} T_K$$

式中，$\boldsymbol{V}_1^{\mathrm{eof}}$ 为原始数据的第一模态空间型；T_1 为第一模态时间系数，将时间系数进行了 POP 分析后的结果代入上式，可得

$$\dot{\boldsymbol{X}}_K(t) = Z_{\mathrm{Re}}(t) \sum_{i=1}^{K} \boldsymbol{V}_{(i)\mathrm{Re}} \boldsymbol{V}_i^{\mathrm{eof}} + Z_{\mathrm{Im}}(t) \sum_{i=1}^{K} \boldsymbol{V}_{(i)\mathrm{Im}} \boldsymbol{V}_i^{\mathrm{eof}}$$

式中，$\boldsymbol{V}_{(i)\mathrm{Re}}$ 和 $\boldsymbol{V}_{(i)\mathrm{Im}}$ 是时间系数进行 POP 分析中矩阵 $\boldsymbol{A}$ 的复特征向量的 K 个单一方程。

因此原数据空间型振荡成分就为 $\sum_{i=1}^{K} \boldsymbol{V}_{(i)\mathrm{Re}} \boldsymbol{V}_i^{\mathrm{eof}}$ 和 $\sum_{i=1}^{K} \boldsymbol{V}_{(i)\mathrm{Im}} \boldsymbol{V}_i^{\mathrm{eof}}$。

计算步骤：

步骤一，根据分析需求，对变量场进行预处理，包括滤除年变化、经验正交函数分析，选取前 K 个经验正交函数的时间系数序列做 POP 分析，再结合空间型做探讨。

步骤二，计算回归系数矩阵 $\boldsymbol{A}$。

步骤三，求 $\boldsymbol{A}$ 的特征值 λ、共轭 λ^* 和对应的特征向量 $\boldsymbol{V}$ 及其共轭向量 $\boldsymbol{V}^*$。

步骤四，利用递推公式或 Z_{Re} 和 Z_{Im} 求出时间系数 $Z(t)$。

步骤五，计算振荡成分 $\boldsymbol{P}(t)$（$\sum_{i=1}^{K} \boldsymbol{V}_{(i)Re} \boldsymbol{V}_i^{\mathrm{eof}}$ 和 $\sum_{i=1}^{K} \boldsymbol{V}_{(i)\mathrm{Im}} \boldsymbol{V}_i^{\mathrm{eof}}$）、振荡周期和振荡衰减时间。

3) 程序语句：

```
class POP(clim = True, opt_eof = True, contribution = 0.85)
```

参数说明:

参数	参数说明
clime	是否对数据滤除年变化，默认为 True，滤除年变化
opt_eof	是否对数据进行经验正交函数分析，默认为 True，进行经验正交函数分析
contribution	进行经验正交函数分析后的累计方差贡献率标准，可选，默认值 85%

4) 方法:

对数据 x 进行主振荡分析，求解回归系数矩阵、矩阵的特征值、共轭特征值和对应的特征向量和共轭特征向量。

```
fit(x)
```

参数说明:

参数	参数说明
x	需要进行主振荡分析的数据，维度为（空间，时间）

求解时间系数

```
z(k = None)
```

参数说明:

参数	参数说明
k	可选，默认 None，为模型初始化时赋予的贡献率自动确定模态个数，否则为输入的个数
m	返回值为九组，时间系数

求解振荡成分

```
p(k = None)
```

参数说明:

参数	参数说明
k	可选，默认 None，为模型初始化时赋予的贡献率自动确定模态个数，否则为输入的个数
m	返回值数组，振荡成分

求解振荡周期

```
period()
```

求解衰减时间

```
dec_time()
```

　　5) 案例：选取 1968~2018 年海表温度（sea surface temperature, SST）进行主振荡分析，实数空间模态和时间系数（POP1）、复数空间模态和时间系数（POP2）分析结果如下：

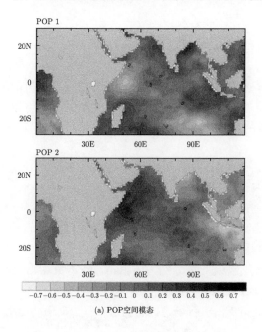

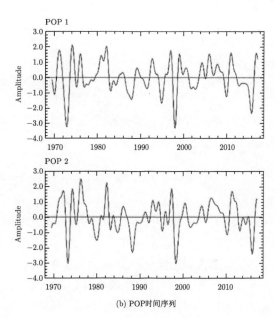

(a) POP空间模态　　　　　　　　　　　　　　　　　(b) POP时间序列

第 18 章　变量场相关模态分离

对于单一的格点，可以通过相关系数的求解研究其气象要素的关系，但在气候分析的过程中，往往会遇到两个气象要素场的相互影响，那么在研究它们的相互关系中，就可以应用耦合分析的方法来确定两个气象要素变量场的相关性。最常见的有典型相关分析、BP 典型相关分析和奇异值分解。

18.1　典型相关分析

1) 功能：典型相关分析通过寻求两要素变量场最佳的线性关系把两要素变量场变为多对典型变量，利用每对典型变量之间的相关性来反映两要素变量场的整体相关性。

2) 方法说明：设有两变量场 $\boldsymbol{X}$、$\boldsymbol{Y}$，空间格点数或变量分别为 p 和 q，样本量均为 n，(设 $n > p > q$)，对两变量场进行标准化处理，则可以表示为 $\boldsymbol{X}_{p \times n}$ 和 $\boldsymbol{Y}_{q \times n}$。

对 $\boldsymbol{X}_{p \times n}$ 和 $\boldsymbol{Y}_{q \times n}$ 求解各自协方差矩阵 $\boldsymbol{S}_{xx}$ 和 $\boldsymbol{S}_{yy}$，两场之间协方差 $\boldsymbol{S}_{xy}$ 和 $\boldsymbol{S}_{yx}$，构建一个 $p + q$ 阶协方差矩阵：

$$\boldsymbol{S}_{xx} = \frac{1}{n} \boldsymbol{X}_{p \times n} \boldsymbol{X}_{p \times n}^{\mathrm{T}}$$

$$\boldsymbol{S}_{yy} = \frac{1}{n} \boldsymbol{Y}_{q \times n} \boldsymbol{Y}_{q \times n}^{\mathrm{T}}$$

$$\boldsymbol{S}_{xy} = \frac{1}{n} \boldsymbol{X}_{p \times n} \boldsymbol{Y}_{q \times n}^{\mathrm{T}}$$

$$\boldsymbol{S}_{yx} = \frac{1}{n} \boldsymbol{Y}_{q \times n} \boldsymbol{X}_{p \times n}^{\mathrm{T}}$$

$$\boldsymbol{S} = \begin{bmatrix} \boldsymbol{S}_{xx} & \boldsymbol{S}_{xy} \\ \boldsymbol{S}_{yx} & \boldsymbol{S}_{yy} \end{bmatrix}$$

通过线性组合的方式，将原有的变量构建一对新的变量 (即典型变量)，分别记为

$$\boldsymbol{u}_1 = a_{11} x_1 + a_{21} x_2 + \cdots + a_{p1} x_p$$

$$\boldsymbol{v}_1 = b_{11} y_1 + b_{21} y_2 + \cdots + b_{p1} y_p$$

可令 $\boldsymbol{a}_1^{\mathrm{T}} = (a_{11}\ a_{21}\ \cdots\ a_{p1})$，$\boldsymbol{b}_1^{\mathrm{T}} = (b_{11}\ b_{21}\ \cdots\ b_{p1})$，它们被称为典型载荷特征向量。这里让新变量具有平均值为 0，方差为 1 的特点，即

$$\frac{1}{n} \boldsymbol{u}_1 \boldsymbol{u}_1^{\mathrm{T}} = \frac{1}{n} \left(\boldsymbol{a}_1^{\mathrm{T}} \boldsymbol{X}_{p \times n} \right) \left(\boldsymbol{a}_1 \boldsymbol{X}_{p \times n} \right)^{\mathrm{T}} = \boldsymbol{a}_1^{\mathrm{T}} \boldsymbol{S}_{xx} \boldsymbol{a}_1 = 1$$

$$\frac{1}{n} \boldsymbol{v}_1 \boldsymbol{v}_1^{\mathrm{T}} = \frac{1}{n} \left(\boldsymbol{b}_1^{\mathrm{T}} \boldsymbol{Y}_{q \times n} \right) \left(\boldsymbol{b}_1 \boldsymbol{Y}_{q \times n} \right)^{\mathrm{T}} = \boldsymbol{b}_1^{\mathrm{T}} \boldsymbol{S}_{yy} \boldsymbol{b}_1 = 1$$

要求这一对新变量的相关系数 R_1 (典型相关系数) 即协方差最大, 则有

$$R_1 = \frac{1}{n}\boldsymbol{u}_1\boldsymbol{v}_1^{\mathrm{T}} = \boldsymbol{a}_1^{\mathrm{T}} = \boldsymbol{a}_1^{\mathrm{T}}\boldsymbol{S}_{xy}\boldsymbol{b}_1$$

同理, 可以通过线性组合求得多对新变量:

$$\boldsymbol{u}_2 = \boldsymbol{a}_2^{\mathrm{T}}\boldsymbol{X}_{p\times n}$$

$$\boldsymbol{v}_2 = \boldsymbol{b}_2^{\mathrm{T}}\boldsymbol{Y}_{q\times n}$$

不过此时, 新一对变量的相关系数 R_2 满足次大。以此类推, 可以证明, 共有 $\boldsymbol{S}_{xy}$ 的秩数对, 即 q 对。

为了求解典型变量, 最主要的是求解 $\boldsymbol{a}_1$ 和 $\boldsymbol{b}_1$ 的问题。在满足新变量数学期望为 0, 方差为 1 的条件情况下, 由拉格朗日乘数法求极值:

$$Q = \boldsymbol{a}_1^{\mathrm{T}}\boldsymbol{S}_{xy}\boldsymbol{b}_1 - \frac{1}{2}\gamma_1\left(\boldsymbol{a}_1^{\mathrm{T}}\boldsymbol{S}_{xx}\boldsymbol{a}_1 - 1\right) - \frac{1}{2}\gamma_2\left(\boldsymbol{b}^{\mathrm{T}}\boldsymbol{S}_{yy}\boldsymbol{b}_1 - 1\right)$$

式中, γ_1、γ_2 为拉格朗日乘数, 对上式求极值问题, 即

$$\frac{\partial Q}{\partial\boldsymbol{a}_1} = 0$$

$$\frac{\partial Q}{\partial\boldsymbol{b}_1} = 0$$

将 Q 代入上式, 可得

$$\boldsymbol{S}_{xy}\boldsymbol{b}_1 = \gamma_1\boldsymbol{S}_{xx}\boldsymbol{a}_1$$

$$\boldsymbol{S}_{yx}\boldsymbol{a}_1 = \gamma_2\boldsymbol{S}_{yy}\boldsymbol{b}_1$$

并分别左乘 $\boldsymbol{a}_1^{\mathrm{T}}$, $\boldsymbol{b}_1^{\mathrm{T}}$, 再将典型变量方差为 1 代入上式, 可得

$$\boldsymbol{a}_1^{\mathrm{T}}\boldsymbol{S}_{xy}\boldsymbol{b}_1 = \gamma_1$$

$$\boldsymbol{b}_1^{\mathrm{T}}\boldsymbol{S}_{yx}\boldsymbol{a}_1 = \gamma_2$$

由 $\boldsymbol{S}_{xy}^{\mathrm{T}} = \boldsymbol{S}_{yx}$, 可知 $\boldsymbol{a}_1^{\mathrm{T}}\boldsymbol{S}_{xy}\boldsymbol{b}_1 = \gamma_1 = \gamma_2$。
由 $R_1 = \boldsymbol{a}_1^{\mathrm{T}}\boldsymbol{S}_{xy}\boldsymbol{b}_1$, 可知 $R_1 = \gamma_1 = \gamma_2$。
对 $\boldsymbol{S}_{xy}b_1 = \gamma_1\boldsymbol{S}_{xx}\boldsymbol{a}_1$ 左乘 $\boldsymbol{S}_{yx}\boldsymbol{S}_{xx}^{-1}$, 可得

$$\boldsymbol{S}_{yx}\boldsymbol{a}_1 = \frac{1}{\gamma_1}\boldsymbol{S}_{yx}\boldsymbol{S}_{xx}^{-1}\boldsymbol{S}_{xy}\boldsymbol{b}_1$$

将上式代入 $\boldsymbol{S}_{yx}a_1 = \gamma_2\boldsymbol{S}_{yy}\boldsymbol{b}_1$, 同时设 $\lambda_1 = \gamma_1^2$, 并左乘 $\boldsymbol{S}_{yy}^{-1}$, 可得

$$\left(\boldsymbol{S}_{yy}^{-1}\boldsymbol{S}_{yx}\boldsymbol{S}_{xx}^{-1}\boldsymbol{S}_{xy} - \lambda_1\boldsymbol{I}\right)\boldsymbol{b}_1 = 0$$

由上式可知, 可以通过求解非对称矩阵 $\boldsymbol{S}_{yy}^{-1}\boldsymbol{S}_{yx}\boldsymbol{S}_{xx}^{-1}\boldsymbol{S}_{xy}$ 求解特征向量的方法获得特征值 λ_1 和特征向量 $\boldsymbol{b}_1$。

利用 $S_{xy}b_1 = \gamma_1 S_{xx}a_1$ 与 $\gamma_1 = \sqrt{\lambda_1}$，可得

$$a_1 = \frac{S_{xx}^{-1}S_{xy}b_1}{\sqrt{\lambda_1}}$$

且 $R_1 = \sqrt{\lambda_1}$，从而可以求出第一对典型变量 u_1、v_1。

类似地，可以证明 $S_{yy}^{-1}S_{yx}S_{xx}^{-1}S_{xy}$ 矩阵的降序特征值 $\lambda_1 \geqslant \lambda_2 \geqslant \cdots \geqslant \lambda_q$ 及对应的特征向量 $b_1, b_2, \cdots, b_q$ 为 q 对典型变量 $v_i(i = 1, 2, \cdots, q)$ 的组合系数，进而可以求得 $a_1, a_2, \cdots, a_p$。由此可知，求解第 k 对典型相关变量和典型相关系数，类似的也是求 $S_{yy}^{-1}S_{yx}S_{xx}^{-1}S_{xy}$ 的第 k 大的特征值和相应的特征向量。

相关系数的显著性检验，采用 χ^2 分布式检验：

$$\chi^2 = -\left[(n-1) - \frac{1}{2}(p+q+1)\right]\ln K_j \quad (j = 1, 2, \cdots, q)$$

式中，$K_j = \prod_{i=j}^{q}\left(1 - \lambda_j^2\right)$，由选定的显著性水平 α 可查 χ^2 分布表检验典型相关系数是否显著。

根据需要可以利用典型变量求得两组变量 $\dot{Y}$、$\dot{X}$ 的回归方程：

这里

$$\dot{Y} = \begin{bmatrix} \dot{y}_1 \\ \dot{y}_2 \\ \vdots \\ \dot{y}_p \end{bmatrix}, \quad \dot{X} = \begin{bmatrix} \dot{x}_1 \\ \dot{x}_2 \\ \vdots \\ \dot{x}_p \end{bmatrix}$$

则可得

$$\dot{Y} = S_{yy}B\Lambda^{\frac{1}{2}}A^{\mathrm{T}}\dot{X}$$

其中

$$\Lambda^{\frac{1}{2}} = \begin{bmatrix} \sqrt{\lambda_1} & 0 & \cdots & 0 \\ 0 & \sqrt{\lambda_2} & \cdots & 0 \\ \vdots & \vdots & & \vdots \\ 0 & 0 & \cdots & \sqrt{\lambda_q} \end{bmatrix}$$

$$B = (b_1 \quad b_2 \quad \cdots \quad b_q)$$

$$A = (a_1 \quad a_2 \quad \cdots \quad a_q)$$

计算步骤：

步骤一，对变量场 X 和 Y 进行标准化预处理。

步骤二，求取变量场的协方差 S_{xx} 和 S_{yy}，两场之间协方差 S_{xy} 和 S_{yx}。

步骤三，求解矩阵 $S_{yy}^{-1}S_{yx}S_{xx}^{-1}S_{xy}$ 的降序特征值 $\lambda_1 \geqslant \lambda_2 \geqslant \cdots \geqslant \lambda_q$ 及对应的特征项向量 $b_1, b_2, \cdots, b_q$。

步骤四，利用下面公式求 $\boldsymbol{a}_i$。

$$\boldsymbol{a}_i = \frac{\boldsymbol{S}_{xx}^{-1}\boldsymbol{S}_{xy}\boldsymbol{b}_i}{\sqrt{\lambda_i}} \quad (i=1,2,\cdots,q)$$

步骤五，计算典型变量。

$$\boldsymbol{u}_i = \boldsymbol{a}_i^{\mathrm{T}}\boldsymbol{X} \quad (i=1,2,\cdots,q)$$

$$\boldsymbol{v}_i = \boldsymbol{b}_i^{\mathrm{T}}\boldsymbol{Y} \quad (i=1,2,\cdots,q)$$

步骤六，求典型相关系数 R_i。

$$R_i = \sqrt{\lambda_i} \quad (i=1,2,\cdots,q)$$

步骤七，进行显著性检验。

步骤八，时间序列分析 $u(t)$、$v(t)$：设 $\boldsymbol{X}$ 场和 $\boldsymbol{Y}$ 场的时间序列分别为 $\boldsymbol{X}(t)$ 和 $\boldsymbol{Y}(t)$，将两时间序列进行标准化后代入典型变量计算方法中，得

$$u(t) = \boldsymbol{a}^{\mathrm{T}}\boldsymbol{X}(t)$$

$$v(t) = \boldsymbol{b}^{\mathrm{T}}\boldsymbol{Y}(t)$$

步骤九，空间型分析：设 $\boldsymbol{X}$ 场和 $\boldsymbol{Y}$ 场的第 k 对空间型为 $\boldsymbol{P}_k$ 和 $\boldsymbol{Q}_k$：

$$\boldsymbol{P}_k = r[\boldsymbol{X}(t),u_k(t)] = <\boldsymbol{X}(t)\boldsymbol{X}^{\mathrm{T}}(t)>\boldsymbol{a}_k$$

$$\boldsymbol{Q}_k = r[\boldsymbol{Y}(t),v_k(t)] = <\boldsymbol{Y}(t)\boldsymbol{Y}^{\mathrm{T}}(t)>\boldsymbol{b}_k$$

式中，⟨ ⟩ 为求时间平均，表示 $\boldsymbol{X}$ 场各点时间序列与 $\boldsymbol{Y}$ 场各点时间序列的交叉协方差。通过分析典型载荷特征向量的各个分量可以对这对典型场的相关关系进行分析。

3) 程序语句：

```
class CCA()
```

4) 方法：
对已经标准化的数据进行计算。

```
fit(x)
```

参数说明：

参数名称	参数说明
x	数组，需要计算的 x（已标准化），维度为（空间，时间）
y	数组，需要计算的 y（已标准化），维度为（空间，时间）

对未标准化的数据进行计算。

```
fit_transform(x, y)
```

参数说明:

名称参数	参数说明
x	数组，需要计算的 x（未标准化），维度为（空间，时间）
y	数组，需要计算的 y（未标准化），维度为（空间，时间）

计算典型相关系数。

```
r(k)
```

参数说明:

参数名称	参数说明
k	可选，默认 None 为初始化时赋予典型变量个数，否则为全部典型变量个数
return	返回值，典型相关系数

计算对应 x 的典型载荷特征向量。

```
a(x)
```

参数说明:

参数名称	参数说明
k	可选，默认 None 为初始化时赋予典型变量个数，否则为全部典型变量个数
return	返回值，对应 x 的典型载荷特征向量

计算对应 y 的典型载荷特征向量。

```
b(x)
```

参数说明:

参数名称	参数说明
k	可选，默认 None 为初始化时赋予典型变量个数，否则为全部典型变量个数
return	返回值，对应 y 的典型载荷特征向量

计算对应 x 的典型变量场。

```
u(x)
```

参数说明:

参数名称	参数说明
k	可选，默认 None 为初始化时赋予典型变量个数，否则为全部典型变量个数
return	返回值，对应 x 的典型变量场

计算对应 y 的典型变量场。

```
v(x)
```

参数说明:

参数名称	参数说明
k	可选,默认 None 为初始化时赋予典型变量个数,否则为全部典型变量个数
return	返回值,对应 y 的典型变量场

计算对应 x 的同类相关图。

```
p(x)
```

参数说明:

参数名称	参数说明
k	可选,默认 None 为初始化时赋予典型变量个数,否则为全部典型变量个数
return	返回值,对应 x 的同类相关图

计算对应 y 的同类相关图。

```
q(x)
```

参数说明:

参数名称	参数说明
k	可选,默认 None 为初始化时赋予典型变量个数,否则为全部典型变量个数
return	返回值,对应 y 的同类相关图

卡方检验结果。

```
chi2{\_}test()
```

5) 案例: 利用 1981~2010 年青藏高原大气热源 6~8 月的月均值与同期高原低涡个数分别作为 X 场和 Y 场进行简单的典型相关性计算。

第一对典型载荷特征向量为

$$\boldsymbol{a}_1 = \begin{bmatrix} -0.2576 \\ 0.6202 \\ -1.1915 \end{bmatrix} \quad \boldsymbol{b}_1 = \begin{bmatrix} -0.2325 \\ -0.0116 \\ -0.9725 \end{bmatrix}$$

X 与 Y 前 2 对典型变量的相关系数分别为

$$R_1 = 0.660\ 285\ 47$$
$$R_2 = 0.360\ 089\ 54$$

第一对典型变量(第二对略)为

$$\boldsymbol{u}_1 = -0.2576x_1 + 0.6202x_2 - 1.1915x_3$$

$$\boldsymbol{v}_1 = -0.2325y_1 - 0.0116y_2 - 0.9725y_3$$

18.2 BP 典型相关分析

1) 功能：在 18.1 节中，进行典型相关分析的前提是空间格点或变量小于样本量，但在大范围的空间变量场分析中，往往不能满足这一条件，本节将使用 BP 典型相关分析来解决这一问题。

2) 方法说明：设已有进行标准化处理后的两组变量，分别为 $\boldsymbol{X}_{p\times n}$ 和 $\boldsymbol{Y}_{q\times n}$，$p$、$q$ 为空间点或变量数，n 为样本容量 (即时间序列)。

步骤一，对变量 $\boldsymbol{X}_{p\times n}$ 和 $\boldsymbol{Y}_{q\times n}$ 进行 EOF 分解，分别为

$$\boldsymbol{x}_i\left(t\right) = \sum_{m=1}^{p_1} \alpha_m^{\frac{1}{2}} \boldsymbol{\mu}_m\left(t\right) \boldsymbol{v}_m\left(i\right) \quad (i = 1, 2, \cdots, p)$$

$$\boldsymbol{y}_j\left(t\right) = \sum_{n=1}^{q_1} \beta_n^{\frac{1}{2}} \boldsymbol{\tau}_n\left(t\right) \boldsymbol{f}_n\left(j\right) \quad (j = 1, 2, \cdots, q)$$

式中，$\boldsymbol{\mu}_m\left(t\right)$、$\boldsymbol{\tau}_n\left(t\right)$ 分别为 $\boldsymbol{X}_{p\times n}$ 和 $\boldsymbol{Y}_{q\times n}$ 的主成分；α_m、$\boldsymbol{v}_m\left(i\right)$ 分别为协方差矩阵 $\boldsymbol{S}_{xx}$ 的前 p_1 个特征值和对应的特征向量，同理，β_n、$\boldsymbol{f}_n\left(j\right)$ 为 $\boldsymbol{S}_{yy}$ 的前 q_1 个特征值和对应的特征向量 (注意，p_1、q_1 的选取可以根据需要的特征向量累积方差贡献来选取)。

步骤二，构建主成分矩阵 $\boldsymbol{U}$ 和 $\boldsymbol{V}$：

$$\boldsymbol{U} = \begin{bmatrix} \mu_1 \\ \mu_2 \\ \vdots \\ \mu_{p_1} \end{bmatrix}, \quad \boldsymbol{V} = \begin{bmatrix} \tau_1 \\ \tau_2 \\ \vdots \\ \tau_{q_1} \end{bmatrix}$$

通过特征值 a_m 和对应的时间系数 $\boldsymbol{T}_m\left(t\right)$ 可得

$$\boldsymbol{\mu}_m\left(t\right) = \frac{\boldsymbol{T}_m\left(t\right)}{\sqrt{\alpha_m}}$$

同理可得

$$\boldsymbol{\tau}_n\left(t\right) = \frac{\boldsymbol{F}_n\left(t\right)}{\sqrt{\beta_n}}$$

式中，$\boldsymbol{F}_n\left(t\right)$ 是 β_n 对应的时间系数。

步骤三，对主成分矩阵 $\boldsymbol{U}$ 和 $\boldsymbol{V}$ 进行典型相关分析。

3) 程序语句：

```
class BPCCA(contribution)
```

参数说明：

参数名称	参数说明
contribution	累计方差贡献率标准，可选，默认值 85%

4) 方法：

对已经标准化的数据进行 EOF 分析，求解左右场特征向量、特征值和时间系数。

```
fit(x,y,k)
```

参数说明：

参数名称	参数说明
x	数组，需要计算的 x（已标准化），维度为（空间，时间）
y	数组，需要计算的 y（已标准化），维度为（空间，时间）
k	可选，默认 None 为模型初始化时赋予的贡献率自动确定模态个数，否则为输入的个数

计算典型相关系数。

```
r(k)
```

参数说明：

参数名称	参数说明
k	可选，默认 None 为模型初始化时赋予的贡献率自动确定模态个数，否则为输入的个数
return	返回值，典型相关系数

计算对应 x 的典型载荷特征向量。

```
a(k)
```

参数说明：

参数名称	参数说明
k	可选，默认 None 为模型初始化时赋予的贡献率自动确定模态个数，否则为输入的个数
return	对应 x 的典型载荷特征向量

计算对应 y 的典型载荷特征向量。

```
b(k)
```

参数说明：

参数名称	参数说明
k	可选，默认 None 为模型初始化时赋予的贡献率自动确定模态个数，否则为输入的个数
return	返回值，对应 y 的典型载荷特征向量

计算 x 的典型变量场。

```
u(k)
```

参数说明：

参数名称	参数说明
k	可选，默认 None 为模型初始化时赋予的贡献率自动确定模态个数，否则为输入的个数
return	返回值，对应 x 的典型变量场

计算对应 y 的典型变量场。

```
v(k)
```

参数说明：

参数名称	参数说明
k	可选，默认 None 为模型初始化时赋予的贡献率自动确定模态个数，否则为输入的个数
return	返回值，对应 y 的典型变量场

计算对应 x 的同类相关图。

```
p(k)
```

参数说明：

参数名称	参数说明
k	可选，默认 None 为模型初始化时赋予的贡献率自动确定模态个数，否则为输入的个数
return	返回值，对应 x 的同类相关图

计算对应 y 的同类相关图。

```
q(k)
```

参数说明：

参数名称	参数说明
k	可选，默认 None 为模型初始化时赋予的贡献率自动确定模态个数，否则为输入的个数
return	返回值，对应 y 的同类相关图

卡方检验结果。

```
chi2_test()
```

5) 案例：利用 NCEP 再分析月均值数据，计算 1989~2018 年 ($25°N\sim45°N,95°E\sim125°E$) 500hPa 位势高度和降水量的 BP 典型相关性分析，其结果如下。

先利用经验正交函数对位势高度和降水量进行分析，求得各自前三个模态的时间系数、特征向量和特征值。选取两变量场前三个模态的时间系数做标准化，并进行典型相关分析，得到第一对典型载荷特征向量为

$$a_1 = \begin{bmatrix} -0.979\,320\,53 \\ -0.187\,767\,92 \\ 0.075\,326\,68 \end{bmatrix} \quad b_1 = \begin{bmatrix} 0.992\,227\,9 \\ -0.111\,850\,45 \\ -0.054\,527\,61 \end{bmatrix}$$

前两对典型变量的相关系数分别为

$$R_1 = 0.965\ 855\ 96$$
$$R_2 = 0.550\ 227\ 64$$

18.3 奇异值分解

1) 功能：奇异值分解（singular value decomposition，SVD）通过对两变量场的交叉协方差矩阵运算，分解耦合场的时空场，获得它们空间和时间的高相关信息区，以此来表征两变量之间的相互关系。

2) 方法说明：

步骤一，设有已经经过标准化处理的两变量场，其中 $\boldsymbol{X}_{p\times n}$ 称为左场，另一变量场 $\boldsymbol{Y}_{q\times n}$，称为右场，这里，$p$、$q$ 为空间格点数，n 为时间序列，则两变量场的交叉协方差阵记为 $\boldsymbol{S}_{xy}$ 或 $\boldsymbol{S}_{yx}$，且 $\boldsymbol{S}_{xy} = \boldsymbol{S}_{yx}^{\mathrm{T}}$。

$$\boldsymbol{S}_{xy} = \frac{1}{n}\boldsymbol{X}\boldsymbol{Y}^{\mathrm{T}}$$

步骤二，对交叉协方差阵进行分解，求解其特征值和左、右特征向量。

$$\boldsymbol{S}_{xy} = \boldsymbol{U} \left[\begin{array}{cc} \boldsymbol{\Lambda}_s & 0 \\ 0 & 0 \end{array} \right] \boldsymbol{V}^{\mathrm{T}} \qquad s \leqslant \min(p, q)$$

这里 $\boldsymbol{U}$ 和 $\boldsymbol{V}$ 的列分别为左、右特征向量 (也称左、右奇异向量)，且 $\boldsymbol{U}$ 和 $\boldsymbol{V}$ 相互正交。$\boldsymbol{\Lambda}_s$ 是奇异值组成的对角阵，按降幂顺序排列为 $\lambda_1 \geqslant \lambda_2 \geqslant \cdots \geqslant \lambda_s > 0$。其中每一个奇异值有与之相对应的左、右特征向量。

左特征向量求解可以按对称阵 $\boldsymbol{S}_{xy}\boldsymbol{S}_{xy}^{\mathrm{T}}$ 求解特征值和特征向量 (这里矩阵 $\boldsymbol{U}$ 为 $\boldsymbol{U}_{p\times s}$) 的方法：

$$\boldsymbol{S}_{xy}\boldsymbol{S}_{xy}^{\mathrm{T}} = \boldsymbol{U}\boldsymbol{\Lambda}_s^2\boldsymbol{U}^{\mathrm{T}}$$

类似地，求解右特征向量 (这里矩阵 $\boldsymbol{V}$ 为 $\boldsymbol{V}_{q\times s}$)：

$$\boldsymbol{S}_{xy}^{\mathrm{T}}\boldsymbol{S}_{xy} = \boldsymbol{V}\boldsymbol{\Lambda}_s^2\boldsymbol{V}^{\mathrm{T}}$$

步骤三，通过原两变量场在各自的左、右特征向量的投影，求解左、右特征向量各模态对应的时间序列 $\boldsymbol{L}_{s\times n}$、$\boldsymbol{R}_{s\times n}$。

$$\boldsymbol{L}_{s\times n} = \boldsymbol{U}^{\mathrm{T}}\boldsymbol{X}_{p\times n} = \left[\begin{array}{c} l_1(t) \\ l_2(t) \\ \vdots \\ l_s(t) \end{array} \right]$$

$$\boldsymbol{R}_{s\times n} = \boldsymbol{V}^{\mathrm{T}}\boldsymbol{Y}_{q\times n} = \left[\begin{array}{c} r_1(t) \\ r_2(t) \\ \vdots \\ r_s(t) \end{array} \right]$$

这里每一对特征向量和相应的时间系数确定了一对 SVD 模态，且第一对时间系数对应的特征值 λ_1 最大，则与之对应的特征向量对左、右场相关特征有最大的解释贡献。

步骤四，求解每个模态对原变量场交义协方差的贡献 g_k 和前 k 个模态的累积方差贡献 G_k，用来确定需要提取的模态个数。

$$g_k = \frac{\lambda_k^2}{\sum\limits_{i=1}^{s} \lambda_i^2}$$

$$G_k = \frac{\sum\limits_{i=1}^{k} \lambda_i^2}{\sum\limits_{i=1}^{s} \lambda_i^2}$$

步骤五，计算左、右场时间序列之间相关系数，求解同（异）性相关系数。

这里可以定义时间相关系数 $C_j\left(\boldsymbol{L}, \boldsymbol{R}\right)$ 来反映两变量场之间的显著空间分布的总体相关程度。

$$C_j\left(\boldsymbol{L}, \boldsymbol{R}\right) = \frac{E\left\langle l_j\left(t\right) r_j\left(t\right)\right\rangle}{E\left\langle l_j\left(t\right)\right\rangle^{\frac{1}{2}} E\left\langle r_j\left(t\right)\right\rangle^{\frac{1}{2}}}$$

利用左、右变量场与右、左特征向量对应的时间系数，可以得到第 j 个模态异性相关系数：

$$c_j\left(\boldsymbol{X}, r_j\left(t\right)\right) = \frac{\boldsymbol{E}\left[X\left(t\right) r_j\left(t\right)\right]}{\boldsymbol{E}\left[X^2\left(t\right)\right]^{\frac{1}{2}} E\left[r_j^2\left(t\right)\right]^{\frac{1}{2}}}$$

$$c_j\left(\boldsymbol{Y}, l_j\left(t\right)\right) = \frac{E\left[\boldsymbol{Y}\left(t\right) l_j\left(t\right)\right]}{E\left[\boldsymbol{Y}^2\left(t\right)\right]^{\frac{1}{2}} E\left[l_j^2\left(t\right)\right]^{\frac{1}{2}}}$$

同理，分别用左、右变量场对同一场特征向量的时间系数求相关，可得到同性相关系数：

$$c_j\left(\boldsymbol{X}, l_j\left(t\right)\right) = \frac{E\left[\boldsymbol{X}\left(t\right) l_j\left(t\right)\right]}{\boldsymbol{E}\left[X^2\left(t\right)\right]^{\frac{1}{2}} E\left[l_j^2\left(t\right)\right]^{\frac{1}{2}}}$$

$$c_j\left(\boldsymbol{Y}, r_j\left(t\right)\right) = \frac{E\left[\boldsymbol{Y}\left(t\right) r_j\left(t\right)\right]}{E\left[X^2\left(t\right)\right]^{\frac{1}{2}} \boldsymbol{E}\left[r_j^2\left(t\right)\right]^{\frac{1}{2}}}$$

步骤六，对于第 k 个 SVD 的模态，可以利用蒙特卡罗技术检验其显著性。

利用随机数发生器生成高斯分布随机序列的两个资料矩阵，矩阵的大小同原变量场一致，并进行 100 次模拟 SVD 计算，得到模拟后的奇异值 η_k 计算方差贡献。

$$\beta_k^{(j)} = \frac{\eta_k^{(j)}}{\sum\limits_{i=1}^{s} \eta_i^{(j)}} \quad (j = 1, 2, \cdots, 100)$$

式中，η_k^j 是每次模拟后第 k 个模态的方差贡献。

如果有

$$\beta_k^1 \leqslant \beta_k^2 \leqslant \cdots \leqslant \beta_k^{95} < C_k$$

$$C_k = \frac{\lambda_k}{\sum\limits_{i=1}^{s} \lambda_i}$$

则认为该模态在 95% 的显著性水平显著。

3) 程序语句：

```
class SVD(contribution)
```

参数说明：

参数名称	参数说明
contribution	累计方差贡献率标准，可选，默认值 85%

4) 方法：

对已标准化的数据进行 SVD 分析。

```
fit(x,y)
```

参数说明：

参数名称	参数说明
x	数组，需要计算的 x（已标准化），维度为（空间，时间）
y	数组，需要计算的 y（已标准化），维度为（空间，时间）

对未标准化的数据进行 SVD 分析。

```
fit_transform(x,y)
```

参数说明：

参数名称	参数说明
x	数组，需要计算的 x（未标准化），维度为（空间，时间）
y	数组，需要计算的 y（未标准化），维度为（空间，时间）

由模型初始化时所赋予的贡献率自动确定提取模态的个数。

```
k(k)
```

参数说明：

参数名称	参数说明
k	可选，默认 None 为模型初始化时赋予的贡献率自动确定模态个数，否则为输入的个数
k	返回值，提取模态的个数

计算方差贡献率。

```
var_ctrb(k)
```

参数说明：

参数名称	参数说明
k	k，可选，默认 None 为模型初始化时赋予的贡献率自动确定模态个数，否则为输入的个数
return	返回值，数组，方差贡献率

计算累积方差贡献率。

```
cum_var_ctrb(k)
```

参数说明：

参数名称	参数说明
k	可选，默认 None 为模型初始化时赋予的贡献率自动确定模态个数，否则为输入的个数
return	返回值，数组，累积方差贡献率

计算左时间模态。

```
t_left(k)
```

参数说明：

参数名称	参数说明
k	可选，默认 None 为模型初始化时赋予的贡献率自动确定模态个数，否则为输入的个数
return	返回值，数组，左时间模态

计算右时间模态。

```
t_right(k)
```

参数说明：

参数名称	参数说明
k	可选，默认 None 为模型初始化时赋予的贡献率自动确定模态个数，否则为输入的个数
return	返回值，数组，右时间模态

计算左空间模态。

```
v_left(k)
```

参数说明：

参数名称	参数说明
k	可选，默认 None 为模型初始化时赋予的贡献率自动确定模态个数，否则为输入的个数
return	返回值，数组，左空间模态

计算右空间模态。

```
v_right(k)
```

参数说明:

参数名称	参数说明
k	可选，默认 None 为模型初始化时赋予的贡献率自动确定模态个数，否则为输入的个数
return	返回值，数组，右空间模态

计算时间相关系数。

```
tcc(k)
```

参数说明:

参数名称	参数说明
k	可选，默认 None 为模型初始化时赋予的贡献率自动确定模态个数，否则为输入的个数
c	返回值，时间相关系数

计算左时间异性相关系数。

```
left_heteogeneous_tcc(k)
```

参数说明:

参数名称	参数说明
k	可选，默认 None 为模型初始化时赋予的贡献率自动确定模态个数，否则为输入的个数
r	返回值，左时间异性相关系数

计算右时间异性相关系数。

```
right_heteogeneous_tcc(k)
```

参数说明:

参数名称	参数说明
k	可选，默认 None 为模型初始化时赋予的贡献率自动确定模态个数，否则为输入的个数
r	返回值，右时间异性相关系数

计算左时间同性相关系数。

```
left_homogeneous_tcc(k)
```

参数说明:

参数名称	参数说明
k	可选，默认 None 为模型初始化时赋予的贡献率自动确定模态个数，否则为输入的个数
r	返回值，左时间同性相关系数

计算右时间同性相关系数。

```
right_homogeneous_tcc(k)
```

参数说明:

参数名称	参数说明
k	可选，默认 None 为模型初始化时赋予的贡献率自动确定模态个数，否则为输入的个数
r	返回值，右时间同性相关系数

蒙特卡罗检验。

```
monte_carlo_test(k,alpha)
```

参数说明:

参数	参数说明
k	可选，默认 None 为模型初始化时赋予的贡献率自动确定模态个数，否则为输入的个数
alpha	浮点数，显著性水平
return	返回值，数组，显著性

5) 案例: 选取 1981~2010 年夏季高原 (77.5°E~102.5°E，27.5°N~40°N) 大气热源标准化距平场作为左场与同一范围内涡度的标准化距平场作为右场，进行 SVD 计算。

答案:

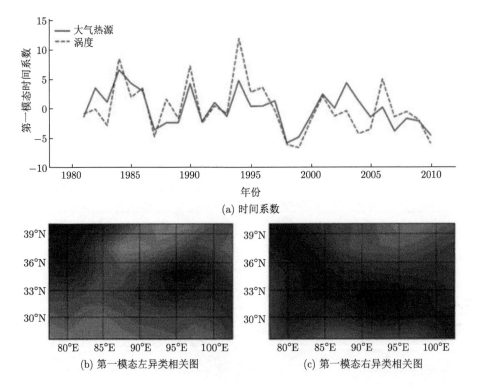

(a) 时间系数

(b) 第一模态左异类相关图   (c) 第一模态右异类相关图

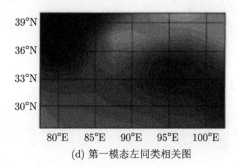 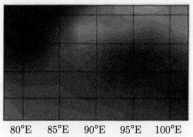

(d) 第一模态左同类相关图　　　　　　　　(e) 第一模态左同类相关图

第 19 章　航空运行大气科学常见算法

19.1　EI 颠簸指数

1) 功能：考虑大气风场垂直切变、风场总形变 (水平切变和拉伸形变) 及散度项的影响，综合计算颠簸指数。

2) 方法说明：

$$\mathrm{EI} = \mathrm{VWS} \cdot (\mathrm{DEF} + \mathrm{DIV})$$

其中

$$\mathrm{VWS} = \frac{\partial V}{\partial z} = \left(\left| \frac{\partial u}{\partial z} \right|^2 + \left| \frac{\partial v}{\partial z} \right|^2 \right)^{\frac{1}{2}}$$

$$\mathrm{DEF} = \left[\left(\frac{\partial v}{\partial x} + \frac{\partial u}{\partial y} \right)^2 + \left(\frac{\partial u}{\partial x} - \frac{\partial v}{\partial y} \right)^2 \right]^{\frac{1}{2}}$$

$$\mathrm{DIV} = \left[\frac{\partial u}{\partial x} + \frac{\partial v}{\partial y} \right]$$

根据数据所给出时刻，计算该时刻的 EI 颠簸指数。

3) 程序语句：

```
class Turbulence(u, v, lon, lat, dz)
```

参数说明：

参数名称	参数说明
u	2-D 数组，u 方向风速
v	2-D 数组，v 方向风速
lon	2-D 数组，经度
lat	2-D 数组，纬度
dz	数字，飞行高度层间隔（单位：m）

4) 属性：

属性名称	说明
ei	EI 指数计算结果

5) 案例: 有某时刻格点数据, 其中格点水平间隔均为 100km, 垂直间隔均为 1km, 有中心点 u 为 3m/s, v 为 2m/s, 且相邻格点的 U 与 V 风速差异均为 1m/s, 高层比低层的风速大 1m/s, 求 EI 指数。

答案: $5.64 \times 10^{-8}/\text{s}^2$。

19.2　TI 颠簸指数

1) 功能: 考虑大气风场垂直切变、风场总形变 (水平切变和拉伸形变) 及散度项的影响, 综合计算另一种颠簸指数。

2) 方法说明:

$$\text{TI} = \text{VWS} \cdot (\text{DEF} - \text{DIV})$$

其中

$$\text{VWS} = \frac{\partial V}{\partial z} = \left(\left| \frac{\partial u}{\partial z} \right|^2 + \left| \frac{\partial v}{\partial z} \right|^2 \right)^{\frac{1}{2}}$$

$$\text{DEF} = \left[\left(\frac{\partial v}{\partial x} + \frac{\partial u}{\partial y} \right)^2 + \left(\frac{\partial u}{\partial x} - \frac{\partial v}{\partial y} \right)^2 \right]^{\frac{1}{2}}$$

$$\text{DIV} = \left[\frac{\partial u}{\partial x} + \frac{\partial v}{\partial y} \right]$$

根据数据所给出时刻, 计算该时刻的 TI 颠簸指数。

3) 程序语句:

```
class Turbulence(u, v, lon, lat, dz)
```

参数说明:

参数名称	参数说明
u	2-D 数组, u 方向风速
v	2-D 数组, v 方向风速
lon	2-D 数组, 经度
lat	2-D 数组, 纬度
dz	数字, 飞行高度层间隔（单位: m）

4) 属性:

属性名称	说明
ti	TI 指数计算结果

5) 案例：有某时刻格点数据，其中格点水平间隔均为 100km，垂直间隔均为 1km，有中心点 u 为 3m/s，v 为 2m/s，且相邻格点的 U 与 V 风速差异均为 1m/s，高层比低层的风速大 1m/s，求 TI 指数。

答案：0。

19.3 MOS CAT 概率预报因子指数

1) 功能：MOS CAT 概率预报因子指数，是由美国环境预报中心，在 MOS(model output statistics) 方法基础上改进的颠簸指数。

2) 方法说明：

$$\text{MOS} = |V| \cdot \text{DEF}$$

式中，$|V|$ 为水平风速。

$$\text{DEF} = \left[\left(\frac{\partial v}{\partial x} + \frac{\partial u}{\partial y} \right)^2 + \left(\frac{\partial u}{\partial x} - \frac{\partial v}{\partial y} \right)^2 \right]^{\frac{1}{2}}$$

根据数据所给出时刻，计算该时刻的 MOS 颠簸指数。

3) 程序语句：

```
class Turbulence(u, v, lon, lat, dz)
```

参数说明：

参数名称	参数说明
u	2-D 数组，u 方向风速
v	2-D 数组，v 方向风速
lon	2-D 数组，经度
lat	2-D 数组，纬度
dz	数字，飞行高度层间隔（单位：m）

4) 属性：

属性名称	说明
mos	MOS CAT 概率预报因子指数

5) 案例：有某时刻格点数据，其中格点水平间隔均为 100km，垂直间隔均为 1km，有中心点 u 为 3m/s，v 为 2m/s，且相邻格点的 U 与 V 风速差异均为 1m/s，高层比低层的风速大 1m/s，求 MOS 指数。

答案：$7.2 \times 10^{-5} \text{m/s}^2$。

19.4 垂直风切变指数

1) 功能:计算垂直风切变,所计算的值与产生颠簸的开尔文–亥姆霍兹(Kelvin-Helmholtz, K-H) 波有关。

2) 方法说明:

$$\text{VWS} = \left(\left| \frac{\partial u}{\partial z} \right|^2 + \left| \frac{\partial v}{\partial z} \right|^2 \right)^{\frac{1}{2}}$$

根据所给数据,计算垂直风切变。

3) 程序语句:

```
class Turbulence(u, v, lon, lat, dz)
```

参数说明:

参数名称	参数说明
u	2-D 数组, u 方向风速
v	2-D 数组, v 方向风速
lon	2-D 数组, 经度
lat	2-D 数组, 纬度
dz	数字, 飞行高度层间隔(单位: m)

4) 属性:

属性名称	说明
vws	垂直风切变

5) 案例:有某时刻格点数据,其中格点水平间隔均为 100km,垂直间隔均为 1km,有中心点 u 为 3m/s, v 为 2m/s,且相邻格点的 U 与 V 风速差异均为 1m/s,高层比低层的风速大 1m/s,求 VWS 指数。

计算结果: $1.41 \times 10^{-3}/\text{s}^1$。

19.5 水平风切变指数

1) 功能:计算水平风切变。

2) 方法说明:

$$\text{HWS} = \frac{u}{s} \frac{\partial s}{\partial y} - \frac{v}{s} \frac{\partial s}{\partial x}$$

式中, 合成风速 $s = \sqrt{u^2 + v^2}$。

根据所给数据,计算水平风切变。

3) 程序语句：

```
class Turbulence(u,v,lon,lat,dz)
```

参数说明：

参数名称	参数说明
u	2-D 数组, u 方向风速
v	2-D 数组, v 方向风速
lon	2-D 数组, 经度
lat	2-D 数组, 纬度
dz	数字, 飞行高度层间隔（单位：m）

4) 属性：

属性名称	说明
hws	水平风切变

5) 案例：有某时刻格点数据，其中格点水平间隔均为 1km，垂直间隔均为 1km，有中心点 u 为 3m/s，v 为 2m/s，且相邻格点的 U 与 V 风速差异均为 1m/s，高层比低层的风速大 1m/s，求 HWS 指数。

答案：$0.38 \times 10^5/\text{s}$。

19.6 Dutton 经验指数

1) 功能：计算 Dutton 经验指数。

2) 方法说明：

$$I = 1.25\text{HWS} + 0.25\text{VWS} + 10.5$$

式中，HWS 为水平风切变；VWS 为垂直风切变。

根据所给数据，计算 Dutton 经验指数。

3) 程序语句：

```
class Turbulence(u,v,lon,lat,dz)
```

参数名称	参数说明
u	2-D 数组, u 方向风速
v	2-D 数组, v 方向风速
lon	2-D 数组, 经度
lat	2-D 数组, 纬度
dz	数字, 飞行高度层间隔（单位：m）

4) 属性:

属性名称	说明
dutton	Dutton 经验指数

5) 案例: 有某时刻格点数据, 其中格点水平间隔均为 1km, 垂直间隔均为 1km, 有中心点 u 为 3m/s, v 为 2m/s, 且相邻格点的 U 与 V 风速差异均为 1m/s, 高层比低层的风速大 1m/s, 求 Dutton 指数。

答案: 11.33。

19.7　ICAO 建议积冰指数

1) 功能: 计算国际民航组织 (International Civil Aviation Organization, ICAO) 向成员国建议使用的积冰指数。

2) 方法说明: 积冰指数 Ic 计算公式为

$$
\mathrm{Ic} = \left\{ [(\mathrm{RH} - 50) \times 2] \times \left[T \times \frac{T + 14}{(-49)} \right] \right\} / 10
$$

式中, RH 为相对湿度; T 为摄氏温度。积冰指数为正表示存在孤立的潜在积冰区, 最可能出现积冰的区域, 积冰指数接近 10。积冰强度判据: 当 $0 \leqslant \mathrm{Ic} < 4$ 时, 表示有轻度积冰; 当 $4 \leqslant \mathrm{Ic} < 7$ 时, 表示有中度积冰; 当 $7 \leqslant \mathrm{Ic}$, 表示有严重积冰。

3) 程序语句:

```
Class Icing()
```

4) 方法:

```
icao(rh, temperature)
```

参数说明:

类型	参数名称	参数说明
输入参数	rh temperature	数字 float, 相对湿度
返回值	ic, icing	元组, 第一项为指数计算结果, 第二项为积冰分类

5) 案例: 当 RH = 90, 温度为 −13.2℃ 时, 计算 ICAO 建议使用的积冰指数。

答案: 1.72。

19.8　新积冰算法

1) 功能: 积冰除了考虑相对湿度条件外, 还应考虑上升运动, 因此在新积冰算法中考虑上升运动的影响。

2) 方法说明：当 $0 \leqslant \text{Ic} < 4$，$\omega \leqslant -0.2\text{Pa/s}$ (P 坐标) 时，轻度积冰；当 $4 \leqslant \text{Ic} < 7$，$\omega \leqslant -0.2\text{Pa/s}$ (P 坐标) 时，中度积冰；当 $7 \leqslant \text{Ic}$，$\omega \leqslant -0.2\text{Pa/s}$ (P 坐标) 时，严重积冰；其中，Ic 为 ICAO 建议的积冰指数。

3) 程序语句：

```
class Icing()
```

参数说明：

4) 方法：

```
new(rh, temperature, omega)
```

参数说明：

类型	参数名称	参数说明
输入参数	rh	数字, 相对湿度
	temperature	数字, 温度
	omega	数字, 垂直上升运动
返回值	ic[0], icing	元组，第一项为指数计算结果，第二项为积冰分类

5) 案例：当 $\text{RH} = 90$，温度为 $-13.2°\text{C}$，上升运动 ω 为 -0.5h Pa/s 时，利用新积冰算法计算积冰情况。

答案：轻度积冰。

19.9 RAOB 积冰算法

1) 功能：采用由美国空军全球天气中心 (AFGWC) 开发的 RAOB 积冰算法计算积冰指数。

2) 方法说明：依据高空温度 T(°C)、露点 T_d(°C)，以及温度的垂直递减率 γ (°C / 304 800mm 或 °C /1000ft[①])，将积冰分为八个级别。

参数	取值范围								
T	$0 \geqslant T > -8$				$-8 \geqslant T > -16$				$-16 \geqslant T > -22$
$T - T_d$	$\leqslant 1$		$1 < T - T_d \leqslant 3$		$\leqslant 1$		$1 < T - T_d \leqslant 3$		$T - T_d \leqslant 4$
递减率/(°C /1000ft)	$\leqslant 2$	> 2	$\leqslant 2$	> 2	$\leqslant 2$	> 2	$\leqslant 2$	> 2	
积冰类型	轻度毛冰	中度明冰	微量毛冰	轻度明冰	中度毛冰	中度混合冰	轻度毛冰	轻度混合冰	轻度毛冰
	3	7	1	4	6	5	3	2	3

① 1ft $= 3.048 \times 10^{-1}$m。

3) 程序语句：

```
class Icing()
```

4) 方法：

```
raob(temperature, dew_point, gamma)
```

参数说明：

类型	参数名称	参数说明
输入参数	temperature	数字, 温度
	dew_point	数字, 露点
	gamma	数字, 气温垂直递减率
返回值	icing	积冰分类

5) 案例：当温度为 $-13.2℃$ ，露点温度为 $-12℃$ ，气温垂直递减率 $\gamma = 2℃/1000\text{ft}$ 时，利用 RAOB 积冰算法计算积冰指数。

答案：3 轻度毛冰。

19.10　假霜点判别法

1) 功能：除了惯有的温度与湿度条件外，这里把飞机飞行速度也一并考虑。

2) 方法说明：

假霜点温度

$$T_{fi} = -0.15 \left(\frac{V}{100} \right)^2 (T - T_{\mathrm{d}})$$

有无积冰的判别条件

$$T_{fi} - T \leqslant -0.15 \left(\frac{V}{100} \right)^2 \quad (\text{无积冰})$$

$$T_{fi} - T \geqslant -0.15 \left(\frac{V}{100} \right)^2 \quad (\text{有积冰})$$

$$T_{fi} - T > 0 \quad (\text{中度以上积冰})$$

3) 程序语句：

```
class Icing
```

4) 方法：

```
assume_frost_point(temperature,dew_point,v)
```

参数说明：

类型	参数名称	参数说明
输入	temperature	数字, 温度
	dew_point	数字, 露点
	v	数字, 飞行速度
返回值	icing	积冰分类

5) 案例：当温度为 $-13.2℃$，露点温度为 $-12℃$，且飞行速度为 200km/h 时，利用假霜点法判别积冰情况。

答案：有积冰，且是中度以上积冰。

19.11　Farneback 光流法与金字塔算法结合

1) 功能：根据图像灰度的变化情况，计算图像各像素的光流场 (运动矢量场)。

2) 方法说明：光流 (optical flow) 常用于视域中物体运动的检测，在大气学科领域中常用于雷达回波的短临外推预报。其为空间运动物体在观察成像平面上的像素运动的瞬时速度。光流法的核心问题是根据不同假设引入条件，由此作为依据构造方程，从而完成对光流法的计算。但所有光流法都要遵守基本假设条件：① 亮度恒定不变，即同一目标在不同帧间运动时，其亮度不会发生改变。这是基本光流法的假定（所有光流法都必须满足），用于得到光流法基本方程。② 时间连续或运动是"小运动"，即时间的变化不会引起目标位置的剧烈变化，相邻帧之间位移要比较小，这也是光流法不可或缺的假定。根据第一个基本假设条件，能够得到所有光流法所必需的基本约束方程，考虑一个像素 $I(x,y,t)$ 在第一帧的光强度 (其中 t 代表其所在的时间维度)。利用 dt 时间，其移动了 (dx, dy) 的距离到下一帧，因为是同一个像素点，依据第一个基本假设条件，我们认为该像素在运动前后的光强度是不变的，即

$$I(x,y,t) = I(x+\mathrm{d}x,y+\mathrm{d}y,t+\mathrm{d}t)$$

将上式右端进行泰勒展开，得

$$I(x,y,t) = I(x,y,t) + \frac{\partial I}{\partial x}\mathrm{d}x + \frac{\partial I}{\partial y}\mathrm{d}y + \frac{\partial I}{\partial t}\mathrm{d}t + \varepsilon$$

式中，ε 代表二阶无穷小项，可忽略不计，再将上式整理后同除 dt，可得

$$\frac{\partial I}{\partial x}\frac{\partial x}{\partial t} + \frac{\partial I}{\partial y}\frac{\partial y}{\partial t} + \frac{\partial I}{\partial t} = 0$$

设 $\boldsymbol{u}$、$\boldsymbol{v}$ 分别为光流沿 x 轴与 y 轴的速度矢量，得

$$\boldsymbol{u} = \frac{\partial x}{\partial t}, \quad \boldsymbol{v} = \frac{\partial y}{\partial t}$$

且设 $I_x = \dfrac{\partial I}{\partial x}$，$I_y = \dfrac{\partial I}{\partial y}$，$I_t = \dfrac{\partial I}{\partial t}$ 分别表示图像中像素点的灰度沿 x，y，t 方向的偏导数。

综上，可以得到光流约束方程

$$I_x \boldsymbol{u} + I_y \boldsymbol{v} + I_t = 0$$

光流法的核心问题是求解该方程，得到光流矢量（$\boldsymbol{u}$，$\boldsymbol{v}$）。但很明显，该方程不定，有无限解。如果想要确定解，需要引入相关假设条件建立方程，方能得到光流矢量（$\boldsymbol{u}$，$\boldsymbol{v}$）。

Farneback 光流法是稠密光流法的一种，它在基本约束条件的前提下，加入了假设图像梯度恒定，且局部光流恒定的假设条件。通过以上条件，可以做出如下推导：首先二维图像中每个像素点都能表示为与相关的二元二次方程

$$f(x,y) \approx r_1 + r_2 x + r_3 y + r_4 x^2 + r_5 y^2 + r_6 xy$$

而上式中系数的确定以所求像素点为中心，确定一个邻域 (一般来说是 $2n+1$ 的正方形区域)，利用加权后的最小二乘法对该像素点的灰度值给出拟合方程，从而确定 $r_1 \sim r_6$ 的值。再将上式转化为矩阵

$$
\begin{aligned}
f_1(x,y) &= r_1 + r_2 x + r_3 y + r_4 x^2 + r_5 y^2 + r_6 xy \\
&= (x,y)^{\mathrm{T}} \begin{bmatrix} r_4 & r_6/2 \\ r_6/2 & r_5 \end{bmatrix} \begin{bmatrix} x \\ y \end{bmatrix} + \begin{bmatrix} r_2 \\ r_3 \end{bmatrix}^{\mathrm{T}} \begin{bmatrix} x \\ y \end{bmatrix} + r_1 \\
&= \boldsymbol{X}^{\mathrm{T}} \boldsymbol{A} \boldsymbol{X} + \boldsymbol{b}^{\mathrm{T}} \boldsymbol{X} + C
\end{aligned}
$$

式中，$\boldsymbol{X} = \begin{bmatrix} x \\ y \end{bmatrix}$，$\boldsymbol{A} = \begin{bmatrix} r_4 & r_6/2 \\ r_6/2 & r_5 \end{bmatrix}$，$\boldsymbol{b} = \begin{bmatrix} r_2 \\ r_3 \end{bmatrix}$。

令像素初始位置信号为

$$f_1(\boldsymbol{X}) = \boldsymbol{X}^{\mathrm{T}} A_1 \boldsymbol{X} + \boldsymbol{b}_1^{\mathrm{T}} \boldsymbol{X} + c_1$$

当像素移动了 $\boldsymbol{d}$ 后，产生了新信号：

$$
\begin{aligned}
f_2(\boldsymbol{X}) &= f_1(\boldsymbol{X} - \boldsymbol{d}) \\
&= (\boldsymbol{X} - \boldsymbol{d})^{\mathrm{T}} A_1 (\boldsymbol{X} - \boldsymbol{d}) + \boldsymbol{b}_1^{\mathrm{T}} (\boldsymbol{X} - \boldsymbol{d}) + c_1 \\
&= \boldsymbol{X}^{\mathrm{T}} A_1 \boldsymbol{X} + (\boldsymbol{b}_1 - 2A_1 \boldsymbol{d})^{\mathrm{T}} \boldsymbol{X} + \boldsymbol{d}^{\mathrm{T}} A_1 \boldsymbol{d} - \boldsymbol{b}_1^{\mathrm{T}} \boldsymbol{d} + c_1 \\
f_2(\boldsymbol{X}) &= \boldsymbol{X}^{\mathrm{T}} A_2 \boldsymbol{X} + \boldsymbol{b}_2^{\mathrm{T}} \boldsymbol{X} + c_2
\end{aligned}
$$

式中，$A_2 = A_1$，$\boldsymbol{b}_2 = \boldsymbol{b}_1 - 2A_1\boldsymbol{d}$，$c_2 = \boldsymbol{d}^{\mathrm{T}}A_1\boldsymbol{d} - \boldsymbol{b}_1^{\mathrm{T}}\boldsymbol{d} + c$。

根据上式可以得

$$\boldsymbol{d} = -\frac{1}{2}\boldsymbol{A}^{-1}(\boldsymbol{b}_2 - \boldsymbol{b}_1)$$

因此上式结合光流约束方程便能求解光流矢量（$\boldsymbol{u}$，$\boldsymbol{v}$）。

但 $A_2 = A_1$ 为理想情况，在实际操作中，目标像素点移动过后的邻域也会发生变化，从而导致拟合的系数出现变化，因此相同位置的像素点很难做到 $A_2 = A_1$，所以在实际操作中，进行以下处理：

已知初始位置信号为

$$f_1(\boldsymbol{X}) = \boldsymbol{X}^{\mathrm{T}}A_1\boldsymbol{X} + \boldsymbol{b}_1^{\mathrm{T}}\boldsymbol{X} + c_1$$

当像素点移动了 $\boldsymbol{d}$ 过后的新信号为

$$f_2(\boldsymbol{X}) = \boldsymbol{X}^{\mathrm{T}}A_2\boldsymbol{X} + \boldsymbol{b}_2^{\mathrm{T}}\boldsymbol{X} + c_2$$

对上式进行平均处理：

$$\boldsymbol{A}(\boldsymbol{X}) = \frac{A_1(x) + A_2(x)}{2}$$

$$\Delta b(x) = -\frac{1}{2}(\boldsymbol{b}_2(x) - \boldsymbol{b}_1(x))$$

$$\boldsymbol{d} = \boldsymbol{A}(x)^{-1}\Delta b(x)$$

将上式和基本约束方程结合，便能求解出前后两帧图像各像素点的光流矢量。但考虑到领域大小选取问题，通过该方法只能求取变化较慢的像素点，对于变化加快的图像，一旦其移动超出邻域范围，使用 Farneback 光流法容易得到虚假位移。而邻域由于计算量的问题，不能无限放大，这一问题被称为孔径问题。为了消除孔径问题，在光流法的基础上引入金字塔算法，将云图中对流云的位移缩小以便达到光流法的计算要求。它的具体原理为将原图像按照一定的比例缩小（比例一般为 0.5），图像缩小的同时，单位时间内通过的像素间隔也相应缩小，以此来达到光流法对位移要求较小的条件。通过缩小后的图像求出该图像光流场，而缩小后的光流场能大致表示原图的移动，因此缩小图像的光流场可以作为原图像的初始光流场，再次计算得到原图像的光流场，以此提高光流法计算的精确度。通常会对图像进行多次缩小，常迭代多次进行求取光流场。结合金字塔算法以及为了更好地跟踪变化较快的像素点以提高光流场的质量，对上式进行一定修正。

首先引入先验位移估计 $\tilde{d}(x)$

$$\tilde{x} = x + \tilde{d}(x)$$

因此可以改写为

$$\boldsymbol{A}(\boldsymbol{X}) = \frac{A_1(x) + A_2(\tilde{x})}{2}$$

$$\Delta b\left(x\right)=-\frac{1}{2}\left(\boldsymbol{b}_2\left(\widetilde{x}\right)-\boldsymbol{b}_1\left(x\right)\right)+\boldsymbol{A}\left(x\right)\widetilde{d}\left(x\right)$$

缩小后的图像通过缩小后的光流场计算获取，它可以代表缩小前图像的大致移动，所以可以将其作为缩小前图像的先验位移估计量 $\widetilde{d}(x)$，再进行迭代计算精确光流场。通过引入缩小后图像的光流法作为先验位移估计量，可以有效地避免因位移过大超出邻域范围，从而导致跟踪失败的情况，有效地提升了光流场的精确度。

3) 程序语句:

```
cv2.calcOpticalFlowFarneback(
    prevImg, nextImg, pyr_scale, levels,
    winsize, iterations, poly_n, poly_sigma, flags
)
```

参数说明:

参数名称	参数说明
prevImg	前一帧图像
nextImg	后一帧图像
pyr_scale	金字塔上下两层之间的尺度关系，该参数一般设置为 pyrscale=0.5
levels	图像金字塔的层数
winsize	局部模糊窗口大小，winsize 越大，图像噪声鲁棒性越好，并且能提升对快速运动目标的检测结果，但也会引起运动区域模糊
iterations	算法在图像金字塔每层的迭代次数
poly_n	像素领域范围大小。poly_n 越大，图像的近似逼近越光滑，算法鲁棒性越好。通常，poly_n=5 或 7
poly_sigma	邻域范围内各点对中心像素点的影响程度，一般 poly:poly_sigma 约等于 5:1
flag	局部模糊计算方法，包括 OPTFLOW_USE_INITIAL_FLOW 和 OPTFLOW_FARNEBACK_ GAUSSIAN
Flow	以三维数组的形式输出的光流场，形式为 [:,:,2]，其中 [:,:,0] 代表 y 方向的光流 (即 $\boldsymbol{v}$)，[:,:,1] 代表 x 方向的光流 (即 $\boldsymbol{u}$)

程序实体:

```
Opencv 内置方法，不提供程序实体
```

4) 案例: 对相邻间隔的卫星云图求取光流场。

```
import matplotlib.pyplot as plt
import cv2
import h5py

img = h5py.File(input, "r")
prvs = img["IR7"]["Data"][:]
img = h5py.File(input1, "r")
next = img["IR7"]["Data"][:]
```

```
flow = cv2.calcOpticalFlowFarneback(
    prvs, next, None, pyr_scale = 0.5, levels = 3, winsize = 30, iterations = 5,
    poly_n = 7, poly_sigma = 1.5, flags = cv2.OPTFLOW_FARNEBACK_GAUSSIAN
)

plt.quiver(U,V)
plt.show()
```

第 20 章 随 机 数

20.1 0~1 均匀分布的一个随机数

1) 功能：生成 0~1 均匀分布的一个随机数。

2) 方法说明：设 $m = 2^{16}$，生成 0~1 均匀分布的随机数，计算公式为

$$R_i = \text{mod}\,(2053R_{i-1} + 13849, m)$$

$$\text{RND}_i = R_i/m$$

步骤一，给 R 赋一个初值，经过上式计算，获取一个随机数 RND_i，同时返还一个计算获取的 R 值。

步骤二，将新获取的 R 值再次代入上式，获取第二个随机数 RND_i，并再次返回一个计算得到的新 R 值。

步骤三，重复以上过程，获取多个随机数。

3) 程序语句：

```
np.random.rand(*dn)
```

参数说明：

参数说明	参数名称	参数说明
输入	*dn	整数（可选），返回数组的尺寸，必须为非负数。如果没有给出参数，则返回单个 Python float64
输出	out	ndarray 数组，形状（d0, d1, ..., dn），随机数

4) 案例：设 $R = 10$，连续输出 5 个 0~1 均匀分布的随机数。

```
result=np.random.rand(5)
print(result)
```

以下是样例输出：

```
[0.75462564 0.07230462 0.52631999 0.62455237 0.76079187]
```

20.2 任意区间内均匀分布的一个随机整数

1) 功能：计算给定区间 $[a, b]$ 内均匀分布的一个随机整数。

2) 方法说明: 首先产生区间 $[0, S]$ 内均匀分布的随机整数, 其计算公式为

$$\begin{cases} R_i = \text{mod}\,(5 \star R_{i-1}, 4M) \\ \text{RND}_i = \text{INT}\,(R_i/4) \end{cases}$$

其中, $R_0 \geqslant 1.0$ 的奇数为初值 (随机数种子), $S = b-a+1$, $M = 2^k$, , 而 $k = [\log_2 S]+1$, 然后将每个随机数加 a, 即实际所需要的随机数为 $a + \text{RND}_i$。

3) 程序语句:

```
np.random.randint(low,high=None,size=None,dtype='l')
```

参数说明:

	参数名称	参数说明
输入参数	low	整数或者整数组成的数组, 分布中最小的整数 (除非 high=None, 在这种情况下, 这个参数是最大的整数)
	high	整数或者整数组成的数组 (可选), 如果提供此参数, 此参数就为分布中最大的整数。如果是数组形式, 必须包含整数值
	size	整数或者整数组成的元组 (可选), 输出形状, 默认值为 None, 如果给定的形状为 (m, n, k), 那么将会得到 $m \times n \times k$ 的输出。如果为 None, 在这种情况下将会返回一个单一的值
	dtype	数据类型, 期望得到输出结果的数据类型, 默认值为整数
输出参数	out	整数或整数组成的 ndarray 数组, 保存输出结果的新数组。如果输出包含整数或者小于 float64 的浮点数, 那么输出数据类型是 np.float64。另外, 输出数据类型与输入数据类型相同。如果指定了输出数组 out, 则结果会返回该数组

4) 案例: 产生 10 个 21~30 均匀分布的随机整数, 取随机数种子为 3.0。

```
result = np.random.randint(21, 30, 10)
print(result)
```

以下是样例输出:

```
[27 26 24 23 25 24 23 26 22 24]
```

20.3 任意均值与方差的一个正态分布随机数

1) 功能: 给定正态分布函数的均值和方差, 产生满足该正态分布的随机数。

2) 方法说明:

$$y = \mu + \sigma \left(\sum_{i=1}^{12} \text{RN}_i - 6 \right)$$

式中, μ 为正态分布的均值; σ 为正态分布的方差; RN_i 为 0~1 均匀分布的随机数; y 为满足该正态分布的随机数。

3) 程序语句:

```
np.random.normal(loc=0.0, scale=1.0, size=None)
```

参数说明：

	参数名称	参数说明
输入参数	loc	浮点数或浮点数组成的数组，分布的均值（中心）
	scale	浮点数或浮点数组成的数组，分布的标准差，必须为非负数
	size	整数或整数组成的元组（可选），输出形状，默认值为 None。例如，如果给定的形状为 (m, n, k)，那么将会得到 $m \times n \times k$ 的输出。如果 size 为 None，loc 和 scale 都为标量，且则会返回一个单一的值
输出参数	out	ndarray 数组或者标量，服从参数化正态分布的随机数

4) 案例：产生 10 个均值为 1.0、方差为 1.5^2 的正态分布随机数，随机种子 $R = 5.0$。

```
result = np.random.normal(1.0, 1.52, 10)
print(result)
```

以下是样例输出：

```
[ 2.02683457   1.51435357   0.45759103  -0.5604098    1.97623798
  1.90662681  -0.06808528   1.24727027   0.87992373  -2.01098332]
```

第 21 章　常 用 算 法

21.1　众　　数

1) 功能：寻找一维数组中出现次数最多的数值，即众数。注意，众数在一组数中可能有多个。

2) 方法说明：步骤一，统计各数值出现的频次。步骤二，输出出现频次最高的数。

3) 程序语句：

```
sp.stats.mode(a, axis=0, nan_policy='propagate')
```

参数说明：

	参数名称	参数说明
输入参数	a	n 维数组
	axis	操作轴，整数或者 None（可选），如果没有，则对整个数组 a 进行计算
	nan_policy	{'propagate','raise','omit'}，可选，用于处理输入包含 nan 值的情况。'propagate' 返回 nan，'raise' 返回一个错误，'omit' 执行计算时忽略 nan 值
输出参数	mode	数组，包含出现最多的数值的数组
	count	数组，包含出现最多数值的次数的数组

4) 案例：北京地区某日逐小时的气温分布为：2.08℃、1.18℃、1.18℃、0.83℃、0.38℃、-0.027℃、-0.32℃、-0.20℃、0.67℃、3.4℃、5.08℃、6.38℃、7.44℃、8.60℃、9.70℃、10.55℃、10.55℃、9.78℃、6.47℃、4.90℃、4.46℃、4.28℃、4.29℃、3.99℃，求其众数。

21.2　中　位　数

1) 功能：求一组数据的中位数。

2) 方法说明：步骤一，将数据由小到大排列（或由大到小）。步骤二，若数据数量为奇数，则中位数为其中间数字；否则，为中间两数的平均数。

3) 程序语句：

```
np.median(a, axis=None, out=None, overwrite_input=False, keepdims=False)
```

参数说明：

	参数名称	参数说明
输入参数	a	输入数组 ndarray
	axis	操作轴，默认值为 None
	out	数组（可选），用来放置输出结果的数组。它必须具有和预期输出相同形状和缓冲区长度
	overwrite_input	bool 类型，默认值为 False。如果为 True 那么计算将在数组内存中计算，这样原数组的计算结果将不再保存，False 相反。如果 overwrite_input 为 True，而 a 不是一个 ndarray，将会发生错误
	keepdims	bool 型，默认值为 Flase。如果为 True 那么求得输出结果的那个轴将保留在结果中
输出参数	m	数组，保存输出结果的新数组。如果输出包含整数或者小于 float64 的浮点数，那么输出数据类型是 np.float64。另外，输出数据类型与输入数据类型相同。如果指定了输出数组 out，则结果会返回该数组

4) 案例：北京地区某日逐小时的气温分布为：2.08℃、1.18℃、1.18℃、0.83℃、0.38℃、−0.027℃、−0.32℃、−0.20℃、0.67℃、3.4℃、5.08℃、6.38℃、7.44℃、8.60℃、9.70℃、10.55℃、10.55℃、9.78℃、6.47℃、4.90℃、4.46℃、4.28℃、4.29℃、3.99℃，求其中位数。

答案：4.285。

21.3 四 舍 五 入

1) 程序语句：

```
np.around(a,decimals=0,out=None)
```

参数说明：

	参数名称	参数说明
输入参数	a	输入数组 array_like
	decimals	整数（可选），要舍入的小数位数（默认为 0）。如果小数为负值，则指定小数点左边的位数
	out	数组（可选），放置结果的备用输出数组，默认值为 None。它必须与期望输出有相同的形状，但是也会在必要情况下转换输出值的类型
输出参数	m	数组，一个与 a 类型相同的数组，包含舍入的值，除非具体指定数组 out，否则会创建一个新的数组，返回一个结果

2）案例：将下列数组分别保留两位小数和三位小数后输出结果 [45.2, 34, 54.5963]。

答案：保留三位小数是 45.200，34.000，54.596；保留两位小数是 45.20，34.00，54.60。

21.4 数据标准化

1) 程序语句：

```
standardization(a,axis=None)
```

参数说明：

	参数名称	参数说明
输入参数	a	输入数组 ndarray
	axis	整数，操作轴，默认值为 None
输出参数	m	数组，标准化后的数组

2) 案例：将系列数组进行标准化计算 $[1, 2, 3, 1.4, 2.3, -1.2, -2.2]$。

答案：$[0.056588, 0.622467, 1.188347, 0.28294, 0.792231, -1.188347, -1.754226]$。

21.5 数据归一化

1) 程序语句：

```
normalization(a, axis = None)
```

参数说明：

参数	参数名称	参数说明
输入	a	输入数组 ndarray
	axis	整数，操作轴，默认值为 None
输出	m	数组，归一化后的数组

2) 案例：将系列数组进行标准化计算 $[1, 2, 3, 1.4, 2.3, -1.2, -2.2]$。

答案：$[0.61538462, 0.80769231, 1, 0.69230769, 0.86538462, 0.19230769, 0]$。

21.6 闰 年 平 年

1) 程序语句：

```
leap_year(years)
```

参数说明：

	参数名称	参数说明
输入参数	years	整数数组，年份
输出参数	m	数组（bool 类型），闰年标识

2) 案例：计算下列年份是否为闰年 $[2000, 2001, 2019, 2020]$。

答案：[True, False, False, True]。

21.7 地球上两点间的距离

1) 语句：

```
distance(point1, point2, unit = Unit.KILOMETERS)
```

参数说明：

	参数名称	参数说明
输入参数	point1	元组，经纬坐标，（纬度，经度）
	point2	元组，经纬坐标，（纬度，经度）
	unit	距离单位，默认值为 Unit.KILOMETERS
输出参数	m	数字，在规定单位下两个点之间的距离

2) 案例：计算 (10.0°N, 15.2°N) 与 (11.2°N, 28.3°N) 两点间的大圆距离。

答案：1 437.867 946km。

21.8 地球上多边形的面积

1) 语句：

```
area(*points,unit='km2')
```

参数说明：

	参数名称	参数说明
输入参数	points*	元组，多个经纬度坐标组成多边形，（纬度，经度）
	unit	字符串，可选值为 km^2 和 m^2
输出参数	m	数字，面积大小

2) 案例：计算 (10.0°N, 15.2°N)、(11.2°N, 28.3°N) 与 (13.2°N, 15.4°N) 三点组成的多边形的面积。

答案：252 937.158 4km^2。